What's a Dog For

斯特拉不只是一只狗

——关于狗历史、狗科学、狗哲学与狗政治

〔美〕约翰·霍曼斯◎著

夏超◎译

漓江出版社

· 目录 ·

第一章

走进狗的世界

斯特拉的世界正处在混乱之中——并不是看上去那么平静。它趴在地毯上它的位置，望着我，如往常一样等待接下来的事。我之前喂给它的骨头还整齐地排列在它面前。它有些不情愿地接受了这些骨头，因为它知道冰箱里有牛排——有时它彻底拒绝这般给予，带着鄙视般的表情，扭头走开。

一切显得平静，地毯上的一只狗，但在这平静的情景下，很多股力正在作用，而我知道，斯特拉就在力的中心。它是谁，它脑子里在想什么，它该被如何对待，还有它应享有哪些权利，这一切都正在迅速改变。如我们所知，狗在维多利亚时期才被当作宠物，而现在狗的世界处在政治困境中，在经历一场前所未有的思想意识上的剧变。

它刚来到我家时，我丝毫没有想到以上这些。要说起来，斯特拉不过是条狗——不过在现在的很多地方，“不过是条狗”是句挑衅的话。它是因为很寻常的原因走进我的生活的。我和妻子安吉拉强烈地感到时光飞逝。我们的儿子查理快 10 岁了，正奔向青少年时期和莫测的未来。他出生时，我们养着一只狗，是名为司各特的西部高地白梗犬，一个傲慢而可笑的动物，当我儿子——在司各特眼中，他是个哭号的闯入者、分享我们的爱的竞争者——出现时，它努力隐藏自己的失望。但是司各特已经老了，那时它就已经13岁了，而且它在查理的周岁生日前就死了。如果查理想要拥有一只陪他共度童年的狗，那就必须得趁现在了。

我们计划要的狗，就像绝大部分为查理准备的东西一样，同样也为我们自己准备。我们想要一个新的家庭成员，一个充实阵容的女配角。而且，我们的儿子终有一天会离开我们小小的家，而狗却会继续留下来陪伴我们。把查理送到大学后，我们的狗还会跟随我们坐着旅行车回家——想到这里我们便觉得十分宽慰。我们原先的想法就是这么简单。

我们从未考虑过养一只纯种狗，这太不合时宜了。需要家的狗有很多，而且我们默认宠物商店里的动物是幼犬工厂的产品，我们可不想支持这种机构。后来在9月的一个异常炎热的周五，查理10岁生日的那一周，我、安吉拉和查理开车前往位于华盛顿港的北海岸动物协会。听说北海岸不像其他地区的动物收容所，这里经常有等待被收养的小狗。我们之前在联合广场看到过他们的卡车，一群被关起来的稀奇古怪的狗，各种各样的杂种狗、矮腿猎犬奔跑其间，等待有人来改变命运。

像北海岸这样的地方有一种让人欢欣的严肃，一丝命运的气息：生活等待被确定。领养宠物是巨大的一步，一个家庭仪式，一份欢乐但不轻松的义务。那天我们在泊车处停车，看见一个约莫7岁的男孩正在哭，他的妈妈正努力向他解释家里为何不能领养一只狗——他们的生活太过忙碌，还未准备好加重责任。但我们已经准备好了。可以说我们几乎做好了最好的准备。所以就是现在了。

北海岸是领养狗的绝佳之地。这源于用心的设计。在这个很棒的收容所里，领养者的情绪得到了仔细的管理。你能感受到狗对于友情的渴求，但绝不过分煽情，即使你空手而归也不会感到内疚。这种设计让你想要解救这些狗，而不会视其为负担。

要进入养育狗崽的内室，你必须穿过老狗的圈棚，一组舒服的隔间被安排在中心庭院的周围，未来的领养者可以在这儿进一步了解他们想要的动物。混凝土地板的前端是加温的，所以狗在人们能看到的地方打盹，而不是畏缩在后面的角落里。但绝大多数狗并不打盹。它们恳求你，鼻子顶着铁丝网露出来，努力想建立联系或是活跃地吠叫。你知道你可以改变其中一只狗的命运，将它从被囚禁的存在中解救出来——但该是哪个圈笼呢？哪只拉布拉多杂交犬，或哪只牧羊犬呢？每只狗都凝望着你，想要和你建立关系，讨你欢心，你将如何选择？这是个艰难的抉择，因为你一旦做出选择，就等于把其余的狗留在了此地的生活中，这吵闹、拥挤而有些孤单，等待被选择的生活。

我们思考片刻，想要领养一只成年的狗，想象着做了高尚之事的满足感，想象着我们收获的感激。但如果是小狗——多么让人开心啊！就如一个朋友所说，养一只成年狗就像没有高潮的性爱。而一只小狗则会属于我们，爱我们甚于他人，烙上我们的印记。我狠狠心，忍住愧疚，继续向前走。在后面的内室里，志愿者穿着蓝色消毒服来回奔忙，一些家庭在杂乱的幼犬的吠声中权衡着他们的选择。有一面幼犬公寓的墙，笼子堆了 3 层高，都铺上报纸。这里有一股清洁剂的味道，主色调是农家庭院般的浅色，即便你知道保养这地方是件麻烦事，也丝毫不会讨厌。一些笼子里的狗打着盹，尤其是那些小狗，但更多的是在忙碌，忙于顶着笼子，渴望地吠叫，寻求与人的接触。

它就在那里，长着一副大爪子，比其他狗走得慢一些，从笼子里凝望我们。它的头慢慢地上下摆动，又像一只幼小的雷龙伸长脖子。它皮毛光滑而闪着墨光，长着一对动人的棕色大眼睛。这是一只漂亮的狗，即便它看上去有些心情低落，也让你难以拒绝。它笼子上的纸写着：拉布拉多杂交犬，12 周。那时它仅仅是一个号码：T68782 号，来自田纳西。我不禁疑惑——它是怎么沦落至此的？

它隔壁的笼子里是一只公狗，是讨人喜欢的黑白相间的长毛狗。我想它应该有博德牧羊犬的遗传。此时，它正精力充沛地汪汪叫着，吸引我们注意。我想，它极有可能是个难以控制的家伙。斯特拉的魅力是微妙的。它镇静自持，乐于接受关注，但不强求。我毫无证据地猜想，它会是通情达理的——保姆般的拉布拉多犬，大人们的助手，我童年时代的狗。

我们转着圈，把手指伸进其他笼子里，试着想象一种联结，让我们能爱上一只狗。这是在北海岸狗狗房间里最常见的行为。我们并不相信一见钟情，虽然人们追溯时总爱讲这样的故事。我是和一只拉布拉多杂交犬一起长大的，但说实话，我不想这次最后还带走一只拉布拉多杂交犬。这时另一对夫妇走进来看着它，随后在角落里小声说话。也许他们在讨论天气，而不是他们眼前的狗，但我们不能冒险。那只吵闹的博德牧羊犬只能继续等待了——斯特拉是我们的。我们填好文件，等着志愿者传叫我们。他们认真地审核着，尽可能地想让这看起来像一次收养，而不是一次购买，因为这是一个你要负责的生命。

回到我们在长岛的北福克租的房子里，我们把它放到草地上。它摇摇晃晃地走了几步就躺下了，在接下来的一个月里它有很长时间都在这儿度过。它患有严重的犬窝咳。任何狗舍，即便是最安静最好的喂养，对于一只狗都不是最健康的环境。但是不久之后，它开始更像一只小狗了，追蝴蝶，嗅路人的手套，咬鞋子和家具，这令人烦恼，但这是我们早已料到的。第一周里，它的地盘在不断扩大，不断不断地扩大。

斯特拉将要变成一只纽约市的狗，它将加入巨大且不断增长的人潮之中。我们的市区街道像有着从不间断的狗狗巡游，已然成为城市的风景，当然还有纽约大学的学生，各种潮人，角落里的修车工人，还有穿着邋遢的灰色外套和用胶水黏合的运动鞋、对着穿行在鲍厄里街区的来往车辆大喊大叫的人。

狗狗的巡游队伍中充满着五花八门的狗：一对光滑的棕灰色丹麦猛犬，大得像一匹小马驹；一只漂亮的橙色松狮犬，这是你能看到的最欢快的狗，即便它只有3条腿，总有一只马耳他狗相伴左右；一只13岁的杂交牧羊犬以难以想象的庄严缓慢走着，还不忘嗅着它喜欢的地方。在不远处的另一条街，在这附近最美轮美奂的建筑物前，我们有时会偶尔遇见一对黄色的拉布拉多犬，他们会在主人位于蒙大拿的农场上度过周末，然后再返回城市度过一周的工作日——这是一只狗的一周。一些被遛的狗穿着橙色的罩衣，上面写着“领养我”。这里有很多狗笼，其中一些来自第四大街的一个小型狗类救护处，其他的来自东面的字母城，狗笼算是那儿的标志，就像斗牛犬是英格兰的标志一样。这里有很多狗看起来和斯特拉很像，拉布拉多杂交犬，在它们的胸前和脚尖间有些白条纹，显得比拉布拉多犬更柔韧一些。

这场巡游正在变得越来越拥挤，这是实际发生的事，并不是出于我的幻想。在最近的20年里，关于狗的一些事情正在发生。纽约，和西方国家的其他任何一座城市一样，正在被它们侵占。2010年，美国约有7700万只狗，而1996年只有5300万只。2010年，宠物食物和产品是产值380亿美元的大产业。一天下午，我到绿色市场买一些羊肉，女老板给我讲了她家博德牧羊犬的故事，它们聪明，有远见，反应机敏。我也想让我的狗拥有这些品质，只要我花时间去训练它发展这些品质——但是我常疑惑，即使斯特拉拥有这些品质，在城市环境中它又能如何运用它们呢?

数字仅仅讲出了这个不断展开的故事的一部分。狗正以更加亲密的方式进入家庭，几乎所有的狗主人都会谈论他们的狗（剩下那些说他们不这样做的人一定在说谎）。据一份研究，81%的人视他们的狗为家庭的一员。我开始察觉，很多这样的家庭成员就睡在床上。斯特拉不享有这项特权，而且它似乎也并不稀罕——它更喜欢趴在地板上。但是它享受了很多人类的特权，开始有自己的规定饮食，不好意思说，那主要是从饭桌剩下的残羹冷炙。有相当多人说，在生命攸关的时刻他们会先救自己的宠物然后才去救人。我希望我能知道在面临这样的抉择时该怎么做，但好在我不太可能经受这样的考验。

因为很快斯特拉就是家庭中的一员了。我们无法否认这一点。我们全家每个人都花了很多时间来遛它，和它说话，不断分析它的古怪举动，它在奔跑时容易被激起的害怕和兴奋，它对汽车的厌恶，它对雷电的恐惧，和它多变而丰富的词汇。我们担心如果我们不陪着它，它要如何度过周末。我们设想什么是它最需要的，然后努力提供。

斯特拉是只优雅的生物，黑色的皮毛极其光滑，还掌握着T台模特那种让人看起来既华美又滑稽的诀窍。从它傻乎乎的状态来说，它几乎算是只拉布拉多猎犬了，但是它带斑点的紫舌头，半月弯刀似的尾巴，褐色的下层绒毛，这些都显示它拥有松狮犬的血统。有时我想，它那肌肉发达而略微臃肿的脸颊有一丝斗牛犬的迹象。它是一只拉布拉多犬，这毋庸置疑，但它也是一只杂种狗，当然这个词因为听起来有一丝对于杂交品种的轻蔑，所以已经使用得比原来少多了。

从理智上来说，我不会把斯特拉视为一个人。但我会把它当成一个不同寻常的蹒跚学步的小孩子。我尽我所能地想象它脑袋旁的气泡画框里是在说着什么。有时，信息十分明显：想吃鸡肉！如果它想放个风，它会站在我面前，耳朵微微倾斜，深深地望着我，并不生气，但十分坚定。如果耽误久了——有时1小时，有时5分钟——它会开始呜哦呜哦地哀叫，这意思毫无疑问是：为什么不带我出去？这是它表达发声的一种方式。它还有一种明显的中音吠叫，会在情绪强烈的状态下使用；恐惧的尖叫；一阵低沉持续的咆哮声，在它祈求时偶尔会用；还有另外一种吠声，兴奋地叫到一半，断续的咆哮声，这是它在向周围的某个朋友提醒它的存在——隔壁的消防员，或是干洗店里时常带块饼干给它吃的那个人。

似乎有很多想法在斯特拉的脑海中出现（谁也不知道究竟是些什么），如果能有字幕打出来就好了。它是不是很伤心？是不是对于我们把它从乡村带回来很生气？嫉妒我们的猫爬上家具？它盯着我，等待我去分辨出来。我的责任就是要理解这一切。这种相处无可避免地要牵涉到想象。

把斯特拉看作一个人，这种认知不协调的喜剧故事俯拾皆是。这是一部我们不断重写的情景喜剧，但是笑声有些让人不太舒服。因为在这笑声的背后，隐藏着这样的态度——有些情况下，我们把它看作一个人，是我们人类社会的一分子，但在另一些情况下，我们视它为狗。但这些不同情况的界限是模糊的，不断变化的。随着时间流逝，我发觉曾经看似错误的事——你的狗不是人类——实际上是个难解的谜，会引发一连串的问题，我一直在思考它们：它是谁，或是什么东西？它在想什么？当我情不自禁地把它视为它本不是的东西时，我究竟在想什么？

当我开始深入研究这些问题，我发觉狗的荣誉人格是一片战场，并不仅是在我的脑海中。狗就是狗，而不是人，但可以被看作是人，这一事实引发了各种误解、错误沟通和种族间焦虑的异位。随着斯特拉的到来，我开始注意那些号称“人类来自火星，狗狗来自金星”的业界、驯兽师、书籍和电视节目，他们提出不同的方法，但都是为了消除隔阂。当下，关于狗的作品最常见的模式不是去写如何训练狗，而是如何更好地理解你的狗。

甚至更广泛的业界也在混淆这个话题，因为一个视狗为人的顾客相比没有这种想法的顾客会买更好品牌、更贵的狗粮。贝妮芙（Beneful），狗的垃圾食品，甚至有个以狗为定位的广告，狡猾地用狗哨的声音吸引你的注意。在纽约，有狗的蛋糕店、服饰用品店、奢侈的狗窝店，还有商家能够想出的一切——这是一个巨大而不断增长的废物堆积场，充斥着低俗的产品，带着比它们本身更令人厌烦的名字。我不认为你给你的狗买这些东西有多大过错——这不比化妆游戏糟到哪儿去——但应该审慎地去想想，你买它是为了什么。你的狗并不关心它是戴着一顶可笑的帽子还是被装在镶着闪光片的狗篮中——它们只是失去了它们的尊严而已。将你的狗视为人是个审美上的错误，尽管这错误正越来越普遍。

我第一个念头就是拒绝这些低俗产品，将它们全部推开。我觉得我们文化中无处不在的狗的身影，和它部分的人格，是现代社会的另一种悲哀，一种应该能免则免、实在无法避免才接受的东西。对斯特拉来说，它不能睡在床上，不能爬上家具，它也没有生日蛋糕。虽然有点不忍心，但它不会有 5000 元的医护治疗，没有狗专用纸尿布，没有化学治疗，没有长期住院疗养。斯特拉讨人喜欢——但人是人，狗是狗，这条界限必须清楚。

随着继续和斯特拉一起生活，我开始理解这场低俗产品的巨大而汹涌的潮流中所包含或隐含着的在狗的世界里的有趣变化——它也是这变化潮流中的一部分。我看到这似是而非的人和动物同伴关系中的可笑之处，但我开始认真对待它。在这方面，我发现我有个杰出的同伴。查尔斯·达尔文也痴迷于狗，不仅是由于预示某种进化机制的多样种类——狗种变化曾是他进化论的一个基本模型——也是由于狗的特殊身份，是伴侣，是家庭成员，尽管有限，但它所拥有的情绪、亲和感和认知能力，说明它们至少也是和我们相近的生物。它们位于他研究的核心，是集体，是隐喻，也是贤者之金石。这绝非偶然，达尔文毫不掩饰他对狗的感情，他彻底赋予他的动物们以人格——这种个人情感也是他科学灵感的重要部分。

但在达尔文之后不久，科学界拒绝了狗和人类相似的前提假设。随着大力清除个人情感代入和动物人格化对科学的恶劣影响，狗的角色也被彻底限制了。家庭和实验室成为两个完全不同的领域，很少再有人触碰。

狗是人类文明的产物，和我们关系密切，这一事实毋庸置疑，却使它沦为科学的遗弃者。后达尔文时代最流行的想法是，狗就像肉鸡、奶牛一样，已经承受了许多人类想象的干预，它已无法告诉我们任何关于自然世界的信息。为什么要研究人类修整过的东西呢？这些样本已经损坏了，无助地被人类的干涉所污染。试着区分哪些是改造的，哪些是进化的，是毫无意义的。狼，严肃又危险，对着月亮长啸，是深奥的；斯特拉，在餐桌前乞食，尽管可爱但也可笑。它能告诉我们什么？但据我所知，对此的态度已在迅速改变。

仅从绝对数量来看，很明显狗已胜过了它的祖先——狼。在此前的 51000 年里，狼是它分布区的顶端掠食者，而它的分布遍及全世界。如今，狼已减少至 10 万只，它的分布区也在萎缩。英格兰列岛的最后一只狼在 18 世纪于爱尔兰被杀死。如今那里的顶端掠食者是狐狸和獾，是这些或多或少懂得避开人类的动物。在美国，极少的本土狼群活动在明尼苏达北部和密歇根。但是在世界范围内约有 3 亿只狗（与之相对的是 70 亿人，13 亿头牛，13 亿只羊）。从进化的角度来说，这是场胜利。

而关于这场胜利令人惊异的是——对不起，斯特拉——狗并没有做出什么经济方面的贡献。极少一部分的狗做有用的工作，更少的一部分作为食物，这是犬类第一次走入人类世界就断断续续存在的一个间歇性的事实。它们做得最多的事就是四处游荡，无论它们被请进家门（这种情况越来越多），抑或流浪在外，寻找着救济品。

平常人会将他们狗的智力夸上天，但科学家长期以来将之视为一种情绪化的迷信，或是会在实验室之光下消失的幻觉。爱德华·桑代克，20 世纪的美国心理学家，凭借他的洞察力建立了行为主义并定下论调。他用典型的扫兴方式写道：“问题不在于动物有多聪明，而在于它们有多傻。”

虽然斯特拉的智力并不是我爱它的主要原因，但桑代克这般的论述还是让人刺痛。我喜欢开玩笑说我的狗的智商和人差不多——它不会往心里去。但认为你的狗是个傻瓜，这会让人感到扫兴。我的狗比我想象的更蠢，如果以此为前提会对我的日常活动有什么影响？一些科学家还说动物的意识仅是个幻想，在它们大脑中运行的几乎是一套固定的程序，而那些我们日常的拟人化——斯特拉伤心了，斯特拉对猫发狂，斯特拉想出去——只是人类的假想而已，事实真相远比这个简单。如此看来，狗的荣誉人格是一个错觉。

但是还有其他的方式去思考动物。自从珍·古道尔之后，这摇摆不定的事态又摆了回去，开始是逐步变化，后来则变得迅速。很大程度上珍·古道尔对她的狗拉斯蒂的爱激发了她追求自己的科学兴趣。最近几十年的科学家们用一套新工具回顾了达尔文对狗的兴趣。狗已从关押它几十年的兽医学校中逃出，成为这个国家许多著名大学，如杜克大学、哈佛大学和哥伦比亚大学的严肃研究议题。这些研究不仅是为了要弄明白小狗为什么无精打采或一直追咬邮递员，还要梳理狗的认知和情绪机制及与我们的异同。

千百年来狗的历史已被它和人类的关系所塑造，正是这一点引起科学家的兴趣。从某种程度上说，狗的社会性质可以反映我们自己的偏好。激烈的争论展开于狗是否拥有原生的道德感——公平感，或是嫉妒这种人类情感。一些科学家被狗和我们合作的能力所吸引：狗会看我们的手势而做出相应的行动。了解是什么让狗在我们的家庭中如此舒适，或许能告诉我们一些关于我们自身的秘密。但就像一些人认为给狗过生日有些过分了，很多科学家仍然认为，就算只问一只狗如何像人类，就已经牵涉到动物人格化——这过去时代里动物研究的原罪。

斯特拉帮我推开了通向这些世界的大门，我走得越深，发现值得留心的问题就越多。的确，千万年来狗对人类的想象已非常重要。14000 年前，或者更早些，人类被狗所吸引。对于史前人类，对于达尔文，对于珍·古道尔，对于新一代的科学家，狗是一个镜像物种。狗的荣誉人格或许看上去荒唐，像威廉·魏格曼[1]的玩笑，但这下面

[1] 威廉·魏格曼，畅销摄影师，他拍的狗照片仿佛能挖掘到狗的灵魂一样，售价也如名画般高昂。

潜藏着对人和狗双方都有重要意义的事，而斯特拉正开始向我展现这秘密是什么。

斯特拉也将我引向其他道路，这些道路错综复杂，其中几条伸向过去。作为曾经养过狗的人，斯特拉让我在一定程度上活在怀旧的迷雾中，让我忆起我从前养的狗。很明显，现在和我们在一起的狗在经历着迅速的变化。

我的第一只狗，陪我度过童年时期的狗也是一只拉布拉多犬，纯种的，有个晦涩难解的名字，普莰。它在我12岁那年死的，我整整哭了一天，为了它，更多的是为了自己：这件事仿佛成了我童年时代和青春期的分水岭，是世界无法永恒不变的证明。当然有一天斯特拉也会如此，或许成为查理生命中的记号。狗记录我们的时代，我们生命的不同阶段。

斯特拉在我内心唤起的怀旧感更多是一种“过去更美好”的感觉，对我童年绿色田野的向往——那时真是绿色美好，对狗来说也是如此。普莰活在一个没有皮带、没有篱笆，自由放任的狗的天堂。没有割去卵巢的它有时会生下一窝小狗崽，我们会给一些小狗竖上“免费狗崽”的牌子，放在前院中送出去。像一个诺曼·洛克威尔[1]画作中的画面，虽然洛克威尔并没有画出全部内容。在那些日子里，狗会像追逐驼鹿或麝牛一样追逐汽车，却时常丧命于此。1970年，普莰死去那年，有7000万只狗在美国的动物收容所中被

[1] 诺曼·洛克威尔，美国20世纪早期的重要画家，其作品记录了20世纪美国的发展和变迁，他最喜欢的主题是坦然纯真的孩子。

执行安乐死——但没人注意这类的统计数字。这些死亡只被当作是它们在美国郊区自由活动的代价。而那些生病的狗大部分死在地毯上——老普茨在离开前苟延残喘了几天，一动不动——它大限已到。那时候，高端的医药是为人而准备的。

无论好坏，那个世界都不可能重现了。现在，在我长大的城镇里，街道上没有一只被松开皮带的狗。它们从篱笆后面朝着路人吠叫，或是被拴着脖子散步。我已多年没有看到一只追赶汽车的狗了。

对于这种变化，我的心情很复杂。有时我想，狗在不断变得像人，而不像狗。它的自由少了很多。一只城市的狗，或者一只被篱笆和皮带限制的狗，不再需要它有出色超群的协调性、速度和灵活性，不需要追逐的快乐。我想这些都会退化。当然，我对过去的狗的看法也有些幻想的成分。在某些方面，如今狗的生活变得更好。在那些美好的过去时光里最糟糕的事情就是把小狗送到当地的收容所，这基本等同于执行死刑。而如今，至少在东西海岸，待收养的狗还供不应求呢。2000 年，在美国被执行安乐死的狗的数量大约减少至 1970 年的 1/8。

和这些变化相呼应的是，自 19 世纪晚期以来主导狗世界的大型机构也迅速地跟进。在上个世纪的大部分时间里，ASPCA（美国防止虐待动物协会）和它的姊妹组织最首要的指示就是让那些没人要的狗人道地死去——正如统计数据表明，他们做得很好。但是狗变化的状态、它新的荣誉人格，使得这项事业显得无用和妥协。在新的世界中，每一只狗，甚至最丑陋的、最凶狠的，都应有活下去的机会。人道意味着不能杀害。

放眼四处，这种新的观念比比皆是。如果你要拯救世界，从狗开始吧。动物权利在大学里已有一座滩头堡，而在大街上更为明显。在大街上一个人能时常碰见独立的伦理学者，他在狗的环绕中塑造了自己的世界观。一天，在东乡的二手自行车商店外，一位穿着蓝色防风夹克的白发妇女，兴高采烈地带着一对金色猎犬和一叠素食主义宣传册走到我面前——对狗、猪、女权主义、农业工业化和世界和平之间的联系唠叨了半天。每年有 4 万人死于饥饿，她说，而我们养牛把它们变成麦当劳汉堡，让人们吃了对身体不好。我同意她，这个系统的确有问题。她的狗吃素食，她说，只要有一份洒了麻籽油的扁豆和米饭它就活得很好。她告诉我她不久前刚埋了一只活了 20 年的狗（我想确认这一事实）。这位妇女举止友好，所以在我告诉她斯特拉吃肉时，我没有感到多少羞愧。如果你想布道，第三大街上的二手车商店是个好地方。

对于一般人来说，解救狗，救完后也就到此为止了。而狗的营救领域充满了志愿者和英雄，这些人牺牲睡眠、长途跋涉、潜入杀害狗狗的收容所，解救了处在危险中的动物，然后为它们找到新家，或是自己照顾它们。这是个巨大的地下世界。对于这些行动者，狗就是他们的，他们在做分内之事。帮助那些无家可归的狗是个召唤和增加世界善意的行为。

但是争论恰恰就存在于这些温暖人心的态度之下。一些人认为狗占据了本应给予人类的关切和钱财。我时常想，如果把那些被狗占据的精力用于教授贫困儿童数学，或许不久我们就将会成为一个工程师国家。那些最生动的画面出现在卡特里娜飓风之后，屋顶的狗、水中的狗等待救援或挣扎着想要活下来。这场大灾难之后，奥巴马谈到了“同情心赤字”，但是到动物身上可没有丝毫的赤字。一支动物营救队赶往城市，挨家挨户地搜寻被遗弃的宠物，他们在搜救时标记着房屋，和国家卫队搜救人时一模一样。在动物营救团体中，这些救援者的工作就是一项壮举。但在一些当地人看来，这些救援者的介入却进一步证明了这个地区居民的生命和生活没有得到足够的重视。一个人可以很爱狗，但我们仍能看到这个说法是有道理的。

动物营救运动不断壮大，好像是从旧有的狗世界秩序中获得了氧气。美国养犬俱乐部成立于 1884 年，模仿自更早一些建立的英国养犬俱乐部。它那老生常谈的狗种血统听起来越来越古怪，离现代养狗人的关注点也越来越远。美国养犬俱乐部的狗自身就有问题——一些狗已被纯化到了畸形的地步。批评者几十年来一直想要这个组织注意近亲繁殖的问题。现在，人们终于意识到了这一点。随着越来越多的狗种被发现存在遗传疾病，近亲繁殖已成为一个人道主义问题，让狗加入美国养犬俱乐部或是英国养犬俱乐部的人开始减少。

斯特拉在这些世界都留下了它的印记。作为一只拉布拉多，它拥有习水性的血统，它不可思议的祖先们会跳出渔船取回浮标——这不是说斯特拉是个能手，而是说，如果我给它个机会，它或许也能完成。但是当我对狗的了解越多，就对它们的起源故事越好奇。斯特拉到底是谁？究竟是什么被从过去流传下来？

拉布拉多的遗传仅是它一半的身份，所以美国养犬俱乐部无论如何也不会承认它——因为它是一只杂种狗。不消说，还是一只“被援犬”，这是个现代词汇，指被从虐待、遗弃或安乐死中救出的狗。而且它是一只田纳西州的狗，一个来自危险地方的难民。那个标有“免费狗崽”牌子院落的世界已经很遥远了。斯特拉的到来最初并不复杂——但随着我的探索，我发现它的出身和身份一点也不简单。

对于斯特拉出身的问题并不是个人问题。狗在世界的位置、它的“人”格或“人”格缺失，都是有待弄清的问题。有人对狗生气，最鲜明的是他们对美国养犬俱乐部的愤怒。很多人对收容所的管理生气。他们批判的言辞甚至有些极端，用到了大屠杀等词，好像20世纪的恐怖已降临在犬类世界。

一只狗的问题在这个疯狂世界里已不是无关痛痒的了，那7000万只狗无疑意味着：政治。政治是间接的——人们为了狗而争论，做出各种判断和决定，有时可能更加激烈——再作用到它们身上。斯特拉的到来，是历史强大力量的到来。

狗的世界充满纷争。育种家对抗着人道主义组织。斗牛犬，郊区动物收容所中最常见的狗，也是狗类伤人数据中最常见的狗，一直是长期论证的话题，也引发了一些法律冲突，究竟是本性还是后天养育造成他们的问题？有些人养狗来帮他们打猎，杀害动物。另一些人让他们的狗素食——你怎么能爱一种动物而杀害另一种呢——他们觉得这极为伪善。没有人知道将来狗将如何被繁育，规则将会如何改变，还有谁将手握大权。

这些争辩的激烈程度向我昭示，它们与其他东西相关。狗的政治是一面镜子，反射着人的政治。它们是我们自己矛盾冲突的代替品，是不同阵营的保守主义者和激进主义者的较量，他们都在竭尽全力地把自己意识形态的标签贴在狗的未来上。

第二章

家庭的一分子

狗的公共世界有着喧嚣而动荡的政治，但这不是我和斯特拉相处经验的核心。刚开始，它是一名家庭成员，是我和安吉拉的孩子，是查理的姐妹，虽然是一位不同物种的姐妹。它的人格和它的重要性，是从我们家开始建立的。实际情况是狗在家庭中的位置，包括与家庭成员的联系、友谊和家庭情感的形成过程，这些问题和杀害狗的收容所、动物权利一样从智识上被争论着。

每当我们进屋时，迎接我们的就是斯特拉温馨的问候，这成了建立和巩固我们一家和斯特拉的关系的一个很基本的习惯。狗狗热情的问候是我们养它的最重要原因。这不是说，家里其他人就没有温暖的问候——安吉拉的问候总是喜气洋洋而且快乐的，而查理则总是嘟哝一句“你好”。对斯特拉来说，前门的打开，永远意味着一个盛大的家庭节日。它不会问“今天过得怎么样”，不会让人感觉到一个人的倾诉在让另一个人觉得是负担。它会从原先待的地方一溜小跑过来，头微微地垂下，像在恳求你的抚摸。如果你转身走开，它就会挠你的腿肚子。有时它会转身离开，好像我们的关系有些紧张，但是最后它总会走过来，坐在我面前，把爪子放在我胳膊上，而我则挠着它的胸口。这动作最少会持续 30 秒，然后它再去迎接其他人，就如同他们也是刚进门口似的。有时我们会给它些吃的，但是它这么做并不是为了食物。这种问候或许是我们最纯净的交流。它和我们——对它来讲这就是家。

人们都知道，开门见到狗很开心。有些令人惊讶的是，虽然它们只能生活在城市和郊区的被铺平、被篱笆包围、被孤立的自然之中，但我们领入家门的狗的数量还是在不断上升。狗成为家庭成员已是常事。斯特拉也处于这场巨大的犬类迁徙中。“我们已见证在过去 40 年中，西方国家的宠物数量呈直线上升。”詹姆斯·舍佩尔，宾夕法尼亚大学的一位英国教授告诉我。舍佩尔是人狗关系领域的领军学者，论述了罗伯特·帕特南《独自打保龄球》中令人沮丧的统计数字与此的相关性。“人们正过着越来越孤立的生活，孩子变得更少，婚姻不长久。这类事情将社交网络摧毁得支离破碎，伴随着的是大量的自杀事件和宠物数量的增长。于是我们便用动物来填补我们生活中的缺口。”

在纽约，人们可以延迟重大的人生抉择，比如婚姻，甚至无视之，这一切的影响显而易见。的确，狗填补了缺口，帮助重建社会。在大街上，斯特拉让我认识更多的人——虽然我知道的更多是狗的名字，而不是狗主人的。养狗者总有相近想法，狗让人可以讨论一些天气之外的事。当没养狗的人听到这些以狗为主题的无聊话、察觉到人们试图让狗加入聊天的努力时，他会感到很奇怪。“哦，斯特拉，谁是你的朋友呀？”这话有些笨，但又令人舒服，会成为邻里之间的趣闻。

狗也填补了其他缺口。一个半世纪以前，城市里到处是动物，有的被弄到市场上卖，有的拉着四轮马车。马厩原来曾经遍布曼哈顿的每条大街——现在几乎都被规划到了很偏远的西边，与车库和洗车店在一起。E.O.威尔森，在他1984年出版的《亲生命性》中主张，人对自然世界有先天的需求和喜爱，是因为我们还想要存有理解我们祖先生存环境的想法。我们已被动物吸引，无法移开目光。纽约是成千上万只老鼠、鸽子和海鸥的家，它们以我们的废弃物为生。还有一些鹰生存于此，有些鹰看上去庄严傲气，已然成为城市的名流。绝大多数人养狗。从它们诞生之日起，狗就像一个使者，像自然和人类文明之间的大使。这说法印证着我在纽约和斯特拉在一起的生活——作为狼族，它连接了一个我无法生活于其中但却十分向往的世界。

这只“狼”已经来到我的地毯上，翻过身，让我挠它的肚子，这是件奇妙的事。其实，斯特拉在其他方面也是个不寻常的伙伴。首先，就像科尔·波特歌里唱的那样，爱上斯特拉是很容易的，甚至比爱上我的其他朋友和家人更为容易，虽然他们为人很好。我和斯特拉的关系是简单的。即便在它做了蠢事，我对它失望时，也不会影响我们的关系。如果我踩到它的爪子，它也不会露出敌意——它很镇定。没有人像西格蒙德·弗洛伊德那样，用他一贯的直率指出这个优点。“狗爱它们的朋友，咬它们的敌人，”他写道，“一点不像人，人无法拥有纯爱，总是混淆爱与恨。”在一封致朋友玛丽·波拿巴的信中，他详尽叙述了这些感受：“没有任何矛盾的喜爱，没文明冲突的朴素生活，自我具足的存在之美。”

我并不全然确信斯特拉对我的感情就是纯爱——还有其他事情牵扯其中，它有时会对皮带生气，而皮带是我控制的象征。另外，我们也别忘了那些对它的食物奖赏。但是不管怎样，我知道它深深地爱我。

关于狗对人的依恋有很多令人惊奇的逸事——狗跟到火车站，或者在主人去世后长时间地蹲守在墓园里。最近有一个短视频传播得很火，记录的是在海啸过后一只狗陪伴着受伤的同伴。我敢打包票，斯特拉不会成为这些超级忠犬中的一只。但是，人类和狗的关系并不复杂，这点是没错的——可能缺少理解，但是也很少误解——这造就了弗洛伊德指出的纯爱。因为种族、语言都在限制，交流的只可能是最重要的事。

弗洛伊德总是对人类毫不友好，却对狗显出一丝偏溺。他对狗的爱开始得较晚，那时希特勒正巩固在德国的力量，弗洛伊德对人类的厌恶迅速增强。那时，他患有口腔癌（除了狗之外，他还热爱雪茄），当他退居自守，应付多次口腔手术带来的痛苦时，他的狗成了他最好的伙伴，甚至是同事。他坚信并信任它们对人的洞察力，它们成了他事业的参与者。

他后来的分析时常有他最帅气雄壮的松狮犬的参与。这只狗名叫优菲，是他女儿安娜送的礼物。弗洛伊德对这只狗倍加呵护，以至于他女儿觉得优菲取代了父亲对她的关爱。他声称，优菲“具有精神分析的头脑”，当它察觉到病人有抵抗情绪，它就会离开房间，当会诊时间即将结束时，它会打起呵欠。在训斥优菲不要舔自己的阴部之后，他告诉一个病人说他难以让优菲停下来，这是个难题。他说：“和分析一样难。”

优菲所扮演的最重要的角色是在弗洛伊德对美国诗人希尔达·杜利特尔的分析中，作为类似移情和反移情的调解人、情绪的中间人，也是分析素材中取之不尽的主题。杜利特尔也疑惑：“教授究竟对优菲更感兴趣还是对我的故事更感兴趣。”

像往常一样，弗洛伊德察觉到一些事情。就像杜利特尔描述的，优菲在那个治疗背景中的角色就是狗在家庭中的角色。在我们家，斯特拉是个中心人物。它是我们家庭的爱的图腾和中间人，它让我们将感受表达出来，不然这些感情会一直被掩埋。它召唤出这些感情，让它们开花。它也是争吵中的安全阀——只要它走过来把头放在你膝盖上，乞求散个晚步，你对同伴的白热化的愤怒就不会再持续下去。

在家庭系统里，三角形是个重要概念，这是心理学家默里·鲍恩在 20 世纪 50 年代提出的。三角形理论认为，当两个人发生冲突，他们无疑需要第三方来减缓紧张状态。当我们的儿子进入我们的生活，他成为三角形的第三个顶点，但孩子也要承受很大压力，因为无论我们有什么样的争吵都会影响到他。

而斯特拉则用快乐的方式将这张网丰富起来，使我们的关系更加流畅，不再那么脆弱。即使我们吵架，我们也不用担心会吓到斯特拉，像担心吓到我们儿子那样。它独具喜感的存在让天都变得晴朗了。只要待在我们身边，就算什么都不做它也能改善问题。我们不会在争吵时抱怨“你爱狗胜过爱我”，不会为谁去陪它散步而争吵。现在斯特拉觉得查理是它的主人，它把他当作大人一样对待，我想这对于查理来说是个很好的生活实践。

事情也不见得都这么美好。有些狗最终反而变成替罪羊，成为人们最方便的出气筒。这些行为上的毛病反映出一个人自身的缺点。这样的场景就像父母打骂孩子一样丑恶。在斯特拉年幼时，我有时怀疑或许是我和家人致使它行为不端。我想象一种充满皮带大战、低级冲突和吼叫“斯特拉”的生活——《欲望号街车》的不断重演。我不想对我的狗生气。而安吉拉则经常会感觉斯特拉在情感上有些疏远，更关注自己的追求，不够殷勤。有时它似乎不关心是否和我们在一起。你可以挨过这段对狗失望的生活，有时我会担心这些行为，疑惑最后会变成怎样。幸运的是，这些行为是必经的青春期所带来的。我现在仍感到悲伤而自责，当它在放风时过度兴奋，像只疯狗四处地低声咆哮时，家长该做什么呢？经过一些训练和这 4 年来获得的智慧，它成了一只了不起的狗。“好孩子”，就像安吉拉喜欢说的那样。

我确实待斯特拉如孩子，但是它明显不同于孩子。它现在的家庭位置将会持续下去，但孩子长大后难免要离开。当然狗带来的满足感会少一些，但相对来说风险也少，也很少会起冲突。人们很容易爱上它，这个特质让狗在纽约变得特别有用。

一个潮湿的冬日清晨，我去拜访芭芭拉・佐克・洛克，一位纽约的精神科医师，她一直在思考过去几十年中人和狗的关系。她的办公室位于西 81 街的贝雷斯福特，由埃默里・罗斯设计的位于中央公园西大道的以 3 个塔著称的梦幻城堡中最大的一座。这是一座一年四季都庄严光辉的建筑。薄雾垂在树梢，有些树还伸着一枝枝橙色的叶子。当时，狗狗们早晨散步回来，一只接一只地从公园的 81 街入口处穿过，就像一场走秀。这是这所城市最衣着讲究的一部分，有一半的狗穿着雨衣，鲜亮的颜色和门卫的昏暗制服形成对比。它们经常会停下来向门卫示好。

贝雷斯福德和周边地区是纽约人的人生童话的分段布景。有些人梦想成真了——杰瑞・宋飞[1]和很多其他纽约上流人士一样住在上层。但是当梦想没有如想象中实现，做梦者最后就来到了底层像洛克一样的精神科医师的办公室。办公室的入口也很低调，位于中心遮篷的西侧，在这些总是关上的威尼斯式百叶窗背后，人生的剧本可以被重写，梦想和现实会获得更好的平衡。

[1] 杰瑞・宋飞（Jerry Seinfeld），美国著名喜剧演员，其代表作《宋飞传》风靡美国近十年，获得包括金球奖、艾美奖在内的多项奖项。

洛克一直认为狗在这过程中扮演着多种角色。洛克，红褐色的头发，看上去有些娇弱，一直用她敏锐的眼光看着这变化的世界。20 世纪 80 年代早期，她写的博士论文是关于狗对健康可能带来的益处，是这些研究第一波浪潮的一部分。那时她和她的研究生共同照顾一只生病的西班牙长耳猎犬，“带它前往动物医疗中心，借钱治病，但你又不能说出来，”她说，“人们会觉得你们是疯子。”她告诉我，一个来自得克萨斯的熟人曾提议一个更便宜的解决方法：“一颗子弹才 10 美分。”

洛克给我们沏了茶。她的右手心不在焉地抚摸着绵羊般的小哈瓦那犬的头。古斯是只被救助的狗，前任主人对它很差，但它现在镇静而自持，一点也看不出悲惨的过去。古斯在洛克的会诊中无处不在——洛克称它为“我的副驾驶”。狗能为治疗过程带来喜剧效果。“哦，他不喜欢湿爪子放在他身上，”洛克用单调又坚定的声音嚷道，当古斯在门口欢迎我时，她告诉古斯“不要用你的湿爪子！”

和狗在一起，异想天开的念头往往通向那些藏得最深的秘密。洛克向我讲起一位病人，她来自东部大都市一个受人尊敬的家庭，她表现得很封闭，让人难以深入她的内心。在一次她们的会诊中，那个女人一直都在办公室的地板上怜爱地抚摸古斯。之后，洛克说：“她告诉我一件之前从未讲过的事。在七八岁的时候，她有一只小狗。她妈妈是个非常非常刻板的人。小狗把家里弄得乱糟糟的，因为没人训练过它。后来有一天她回家，发现小狗不见了——它已经被送人了，她妈妈这么说的。她妈妈告诉她小狗太麻烦太脏。她连个告别的机会都没有。这影响了她性格的形成。她担心如果自己做错了什么，她可能也会连一声警告都没有就被送给别人了。”

洛克说，孩子会从父母如何对待其他孩子来了解他们——狗也算是孩子之列。在纽约，狗能够像孩子那样维持情侣们在一起，把两个人黏合成一个家庭。洛克告诉我这样一个故事，曾经向她做过咨询的两个人因一只西班牙长耳猎犬建立联结，后来结婚了。那并不是个幸福的婚姻，“但狗是他们之间的桥梁”，洛克说。后来那只狗死了，这段婚姻也走到了尽头。

古斯走到办公室的另一边，开心地啃着差不多和它自己一样长的骨头。这让我也开始思考自己和狗的关系。我们的第一只狗，司各特，一只欢快、脾气大的西部高地犬，在我们做着贝雷斯福德之梦的时候扮演着第一个孩子的角色，我们做着我们想做的一切事情，直到我们最后要生下查理。这是相当标准的纽约模式，也是我们的模式，我曾经也很快乐。

“有一句古谚语，”洛克说，“如果你养不了花，你就养不了狗；如果你养不了狗，你就养不好孩子。”这对于我们现在的情况或许是准确的。洛克说，爱一只狗时轻松自在，无须进行评判，这种爱本身就令人心满意足。洛克不会对这些人妄下论断——满足就是满足，不必在意这份满足究竟是狗带来的，还是妻子或孩子。但是我们所有人都知道，有些人爱宠物只是为了从人类世界脱身，为了逃避和朋友、吵嘴的伴侣打交道的烦恼。

一个精神科医师的工作是轻轻地缩小病人离奇的梦（比如住贝

雷斯福德高层，俯视中央公园人行道上的行人和他们的狗），并不一定会告诉他们完整而不加掩饰的真相。她用严肃的表情告诉我："有些人十分十分令人厌烦。"这就是精神科医师的隐秘苦恼。对于这样的人，一个处方是：养只狗。很快，他们的人际关系和生活（还有精神科医师）都得到改善。

在家庭中，在精神科医师的办公室里，一只狗是中间人，是替身，是一份古老的记忆，一个管道，一个象征。狗有血有肉的真实给我们抽象的生活带来了动物的坚实性。在电子邮件、短信和视频会议的世界中，人和狗的关系还未被技术介入（除了可见的篱笆和令人害怕的电子项圈）。不像和人在一起，你和狗在一起必须有身体上的、私人的、一对一的交流。

洛克相信这种亲密性是狗在纽约这样的城市有吸引力的关键。它们将我们带回到最简朴的交流模式，同时我们让它们穿上衣服，把它们养在公寓里，将它们带入我们不稳定的现代生活。斯特拉在狗群兴奋不已的原因之一是，不论我多努力，我都没法给它足够的戴皮带练习。很多狗还没有它做得好。狗为了人的生活而存在，但也为了户外生活而存在，它们要追求自己的目标，而不是在我们工作时就睡在地毯上。这是人和狗关系中最首要的冲突。这无疑使得如此多的纽约狗需要精神药理学。

斯特拉在我们家中不寻常的地位，以及这反常的人类一般的地位，让我想起伍迪·艾伦在《安妮·霍尔》结尾的一个笑话。一个人去见精神科医生，抱怨哥哥觉得他是只鸡，当医生建议让他哥哥来接受治疗时，那人回答说："我会的，但我需要鸡蛋。"如果以外来人的眼光看狗在我们文化中的地位，可能会觉得我们正受困于集体性迷思，但是我们的确需要"鸡蛋"。

从化学层面来说，狗是不是人，无关紧要。越来越多的证据表明催产素这种多用途的链接激素，这种介质的关键作用。这些激素也是深藏于重要的人际关系中的介质，包括母子间的联结。根据2009年麻布大学（东京附近）的学者长泽美穗的一份研究显示，在人和狗交流之后，催产素就会分泌。有趣的是，凝视的时长是十分重要的——一个人看狗的双眼的时间越长，激素的分泌量就越多。凝视是妈妈和婴儿互动最基础的方式，是最基本的交流单元。狗愿意凝视人类，这是它与狼的很大不同。长泽美穗和她的同事提出狗和人可能有"一种共同的喜爱模式"，这将会成为理解这不寻常关系的关键。

关于催产素在人狗关系中的作用，有一个有趣的推论。虽然这种荷尔蒙能增强信任和喜爱，但它很明显不会使人爱上所有人。实际上，它倾向于巩固我们社交群体的内部凝聚力，并一定程度上忽视圈外人。一份来自荷兰的研究表明，这种荷尔蒙对民族优越感的培养也有作用。作者写道，催产素不仅加强团体内的偏爱，还造成对团体外的人感情上的削减，对朋友和家庭的爱伴随着对此群体外的人的疏离。这令人心惊的两极理论也是说得通的。我有时怀疑我是否会先救斯特拉再救陌生人呢？我不想去思考这个问题，我希望永远不要面临这种抉择——但这份纠结和挣扎预示着一些事情。

狗在满足我们所需这方面的确做得不错——在某些方面比人还要好。经历 30 年的一系列漫长而吸引人的实验已经证实，狗对人类的健康有显著的积极的影响作用。虽然这项研究的有些方面还存在争议，但是狗的减压能力已逐渐得到大家的肯定。

1980 年有一项以 92 个患有心脏病或心绞痛的病人为对象的研究，布鲁克林大学研究员艾瑞卡·弗里德曼（她现在马里兰大学任教）发现，养宠物的病人（任何宠物，即便是条蛇）比不养宠物的人有明显更高的幸存率。（巧合的是，芭芭拉·佐克·洛克曾和她在其中一项研究上有过合作。）弗里德曼在 1995 年和别人共同完成的一项较大的研究也得出了相似的结论。除此之外，她发现与其他宠物相比，狗能带来更好的结果，或许是因为狗需要他们遛吧。相似的结论在随后的研究中不时出现，但是一个共识在逐渐形成，那就是，即便狗不是一副妙方，但它对人类健康无疑是有益的。这种影响和人们逐渐意识到孤独也是一种病有关。社交联系减轻压力——没有社会联系，我们身体里的化学物质会出问题。

在 20 世纪 90 年代初期，凯伦·艾伦，布法罗大学的一位心理学教授，进行了一系列研究，进一步明确了狗对人类健康的益处。在一个设计独特的早期实验中，她想研究狗是否对缓解人们日常生活中的压力有影响，她把电极绑在志愿者身上，连接着血压显示仪，让他们快速地倒数一个随机四位数的后三位，这是一个看起来容易的任务，但是多次重复后就变得有挑战性了。当快速地倒数时，那些身边有狗的志愿者的血压和没有狗的志愿者相比明显偏低，即使狗只是在房子里走动，他们的表现也比那些身边没有狗的人要好。

在接下来的改良实验中，艾伦对比了狗和人的配偶的镇静作用，发现在减少压力方面狗更有效。在一个实验中，她测量患有高血压的人的血压峰值，这些人还必须照顾脑损害的伴侣，这是一件很有压力的事。她发现养狗的人的血压峰值仅是那些不养狗的人的一半。最近日本还有一个研究发现，遛狗或是和狗交流（不一定是自己养的狗）能提高和血压降低有关的心率变异性。遛狗人能经历一次“副交感神经兴奋”，这基本上就拉下了紧张不安的神经系统的闸门，让人可以放松下来。

詹姆斯·舍佩尔认为催产素效应是狗的各种健康作用的原因。催产素是减轻人体压力的物质，能使人镇静下来，减少焦虑。在处理冲突时压力是有益的，但从长期来看它对健康是有害的，养宠物而产生的催产素或许能帮助我们长寿。

当然，有些科学家质疑这些结果。但我读到的绝大部分材料倾向于证实我的关于我和斯特拉关系的美好想象，关于更普遍的人狗关系的美好想象。研究当然是货真价实的科学，但这一切有时却让人感觉像是一个啦啦队，尤其是在媒体上被夸大时，因为媒体只喜欢温暖人心的狗的故事。感情用事是无济于事的，反而会让那些感情因素混进这些结果中，当一个接一个的乐观假说被证明时，一切反而变得像科学的传教。而这让一些科学家认为这些研究变质了，只是为了给人们找个理由把那些动物带回家。凯伦·艾伦在加州大学洛杉矶分校的一个学术论坛上这么说道："如果你没有终身教职，不要做这种研究，即使尝试一下也不行。"

科学在进步。一份研究发现，和宠物一起长大的孩子更善解人意。狗无疑也是个出色的帮手。一份 2008 年的研究表明带着狗的男人比没带狗的男人更有可能要到女人的电话号码。狗甚至能分辨出你是不是好人：那些不喜欢狗的人在加州心理调查表中在肛门期人格[1]上得分高，在共鸣性上得分差，这表明"喜欢狗的人更容易和其他人接触"。无数研究表明，对于自闭症患者或情感受创者，狗可以成为让他们重返社交世界的一扇门。

狗一直和人性的创伤相连，和那些孤独的人或是有信任危机的人相连，和反人类者相连（希特勒就是个爱狗者），和一些拥有大量财富并认为人们只是因为他们的钱才爱他们的人相连。李奥娜·赫尔姆斯利[2]的小狗"麻烦精"就是明显的例子，到 2011 年它死去之前，它一直是世上最富有的狗。赫尔姆斯利在遗嘱中提

[1] 肛门期人格，弗洛伊德用语，成人中所谓的肛门性格者，通常在行为上表现为冷酷、顽固、孤僻、吝啬等。
[2] 李奥娜·赫尔姆斯利（Leona Helmsley），美国已故旅馆大亨。

及的唯一的慈善事业就是为狗提供看护，而她的财产最低评估也有50亿美元。这份公文正证明了她道德上的贫瘠。她将财产的分配工作委托给了托管人，而他们目前为止在犬类的慈善事业这方面做得并不够。

就像在赫尔姆斯利的事件里一样，对于迷失的人来说，狗可以是最后的避难所。关于被满足和未被满足的需求，每个人都知道可以选择养狗来逃避人际关系。治疗学上的唯我论可以适用于这样的关系。狗完美地适应这种病症，因为它的需求如此简单——当然你的狗并不知道你是个自我陶醉者。爱一只狗，就像对着一面已经清除了你的恶劣品质、你个性的尖刺的镜子，映照出的只是一个纯然关爱他人的人。芝加哥大学的心理学家尼古拉斯·埃普利、亚当·维茨和约翰·T.卡乔波已经证实，孤独放大了我们对于动物拟人化的倾向。当没人和自己互动时，我们把狗当成人。

看着赫尔姆斯利的“麻烦精”这样的狗，很容易觉得，狗像一个感情骗子，谄媚般走进脆弱的人的内心，提取他们的财富，无论是一笔巨大的财产、一块大牛排，还是床上的一个位置。人们从这些关系中也有所收获，这没错。但看起来，狗得到的似乎越来越多。约翰·阿彻，英国中央兰开夏大学的进化心理学家，甚至提出狗是社会的寄生物。他在一篇1997年的论文中用令人扫兴的得意笔触写道：“宠物，可以被看作是在操控人类。它们和类似杜鹃鸟[1]的社会

[1]杜鹃鸟最为人熟知的特性是托卵寄生性，即产卵于其他种鸟的巢中，靠养父母孵化和育雏。

寄生物是很相似的。对宠物投入的喜爱、食物、时间和精力是不会得到回报的，将这些花费在照顾人类儿女和亲友上更为合适。”阿彻将人和宠物的关系定义为“适应性不良行为”，虽然他的言论更多是关于进化而不是和动物相处的日常生活，但它加强了这样的观念：有不太正确的东西存在于这份迅速亲密化的关系之中。他似乎在说，斯特拉正在欺骗我，用那对棕色大眼睛向我推销一堆物品，想不劳而获。

依据20世纪40年代由康拉德·洛伦兹开创的思想，阿彻认为，狗脸的“婴儿计划”——必不可少的，高前额，大眼睛，短鼻口，软耳朵——狗的这种进化正利用了人类的先天反应。这些身体特征被称为“社交行为释放者”，能引出人类给出关爱的反应——有些研究主张，女人比男人更容易受影响。这是个引人注目的理论，它也触发使人不安的问题：他刚刚说我的狗是寄生虫？当然，人们也可以引用许多论据来反驳阿彻。首先，数个世纪以来，人选择狗有很多原因——用来狩猎、管理放牧和守卫。但最简单的原因可能是因为我们就是想要它。狗是人类文明的一部分，不可以简化为一种代价和收益的计算——它们有点像艺术和宗教，能对我们产生更高层次的作用。斯特拉对我来说绝不是狗粮花费的总和。

有时我认为像阿彻这样的人是想让狗的存在从我们的家中消失：一切都是幻象，实际什么也没有。但相反的证据就在那里，在地毯上。斯特拉不是个骗子——它是个朋友，和我的人类社交圈里的人相比，它不善交际，但这成为它独特的优点。无论阿彻的意图是什么，我承认他一定程度是正确的，无论是设计还是进化，狗已经完美地适应了和我们一起的生活。千百年来，它们已是我们生态系统的一部分，而我们是它们系统的中心角色。

第三章

探索斯特拉的大脑

我阅读的大部分科学研究让我确信斯特拉是我的朋友，以某种方式烙印在我的感情中，也铭记在我的理性思考中。但是和我相处的这个生物究竟是什么？友谊需要建基于共性，而我不确定我们所拥有的共性是什么。和人在一起，语言为我们了解另一个人的心思打开了一扇窗，虽然这种视野是拼凑的、受限的、带有错觉的。而和斯特拉一起，我所拥有的全部是它棕色的眼睛和复杂的发音——极具表现力但仍旧受限——还有它的各种表情和表现：可怕而疯狂的脸，轻轻低头再转身离开，一动不动，这意味着：该带我出去了。

为了明白斯特拉的大脑中发生着什么，在7月下旬的一个星期，我去参加了在维也纳大学举行的第二届犬类科学论坛。这里的聪明狗实验室是犬类研究领域的一个核心机构。维也纳大学的大会堂对于一场犬类科学会议来说是个荒谬之地——它禁止狗入内。事实上，这里对于任何目的来说都显得荒谬，因为它混合着滑稽和庄严。昏暗中，于1365年建立这所大学的鲁道夫四世，和18世纪对这座城市做出杰出贡献的玛丽娅·特蕾莎女王的大理石像，庄严地立在讲台的两侧。演讲者在一个暗色的木质露台上说话，露台的大小和夏天遮阳的小棚舍差不多。

当我跟别人说我要去参加犬类科学论坛时，他们都笑了。这是这个新兴领域必须要背负的十字架。狗长期以来的确被认为值得研究——想想巴甫洛夫，还有许多活体解剖者，对于他们来说，狗或许是学习解剖知识的最快途径。但是对狗的研究却通向了别的地方。狗类科学应该是一个拥有自己行为规则的科学领域，而且这些研究主要基于狗类本身，这一主张将持续使人们惊讶。

研究者将狗在我们文明生活中的存在视为一个值得研究的事实，探究狗存在的各种场合。这意味着他们要去深入科学很少触及的地带——起居室、街角、遛狗场。这研究带来很多喜剧（常常和狗相关），而科学语言和它的复杂性掩盖了这些行为的日常性。当你看着一只想要吃东西的狗的时候，无论这特殊的机制如何被描述，你就是很难保持严肃。过去，科学努力地厘清什么是人的，什么是自然的——但研究狗，意味着研究难以廓清之处。

诚实地说，当我前往参加会议，我期盼着一些决定性的时刻，一种向前的飞跃，即能用科学的语言解释清楚整个问题：斯特拉像人类一样的社交天赋、让这个食肉动物待在我家、躺在地上等着人去挠它的肚子这其中的古怪。但科学有时也难以解释这些问题，更多时候它艰难地穿行在迷雾中。

位于维也纳的聪明狗实验室和位于布达佩斯的厄特沃什·罗兰

大学的家犬计划，这两大领军实验室是主要出席的团体。英国人傲慢而自信，或许是由于会场使用他们的母语。大部分欧洲国家都有一两个团体出席，还有一个来自日本的狗类研究队伍的团体。但是即便在大会堂里，还有几百个博士在认真听着，一些常人的见识和十足的庸见还是时常盖过科学的论断。我们和狗的关系的科学事实就隐藏在日常之中，这意味着你要去观察那些明显的事情，去测度我们关系的显性特质。

一个来自比萨大学的团队研究狗主人比非狗主人在理解类似将身体弯成弓形、跳起等犬类行为上是否表现得更好——他们发现，是的，一旦涉及他们的宠物，狗主人确实有知识上的优势。另一个意大利研究团队展示了一系列公园里的狗和狗争斗的视频。在一个视频中，一只小杰克罗素梗犬攻击一只身材高大的黑白相间的牧羊犬，只因为它散步时和自己走得太近了。"那狗疯了。"观众中一个人如此说道，笑声传遍整个会堂。他们发现，母狗更易参与防卫式的争斗。从我和斯特拉相处的经历中，我能告诉他们这样一个事实，如果一只狗看似不怀好意地靠近它，它会从欢乐的神态迅速变得像狂吠着的地狱猎犬一样，如有神助一般发起攻击。

一支来自新西兰的研究团队已经证实狗能理解人类情绪化的表情，分辨出人们开心或生气的声音。他们发现，如果你用生气的声音去喂它，它会更慢地进食。狗狗们也能感受到人类的悲伤，而是什么样的机制在起作用则是另外一个问题了。来自法国国家兽医学校的团队研究的是狗如何对人类不同的面部表情做出反应，结果发现狗就像孩子一样，通过学习来理解这些表情。成年的狗比小狗更善于探知人的愤怒。

一系列实验被展示，时常附加上黑暗的卡夫卡式的录像，记录了当狗遇见陌生人或其他威胁时的行为反应。其中一段录像中，一个男子坐在一面黑色高墙下面，狗被一只只地放进来，面对这种暧昧不明而又阴森的场景。一只胆小的德国牧羊犬紧张地沿着墙前后走动，和那个人保持距离。还有一些狗用更直接的方式来表达它们的焦虑，其中有一只100多磅的爱尔兰猎狼犬直接跳到了实验员的怀里。

在这些录像之后，一位有魅力的长发瑞士男子激动地说起要向阿尔卑斯山再度引入家畜守卫犬——这是一项迫切需要的项目，因为狼的数量急剧增加，已经危及了当地的羊。狼能避开附近漫步的游客，但却不能避开家畜守卫犬，因为那些守卫犬生来就是为了警惕入侵者的，而且它们会对那些入侵者发起攻击。这绝对是个后现代的问题。这种情况提醒我们正深深参与到对自然的管理中，即使是在那些最荒蛮之地。

第一天，那些备受崇敬的“贵宾”没有出席维也纳的会议。但是第二个晚上，一项特赦令被颁布，暂时取消禁止狗狗进入的规定。然后出现了滑稽的场面，讲台变得像展现对狗狗的爱的圣坛，让人想起起初我们为什么要研究狗。

就在这个弗洛伊德和薛定谔曾经演讲过的讲台下，一只身形矮小的长毛棕狗正在玩一个犬类的视频游戏。狗和风景的照片在屏幕上随即出现，当狗用鼻子顶压屏幕上狗的照片时，小奖励将会从底部的斜槽中弹出来。当它顶着其他图片时，屏幕会变成橙色，游戏暂停片刻。这台仪器是弗里德里克·朗格发明的。朗格是大学里的狗类实验室的主管，他和同事共同主持了本次会议。这仪器可用于一系列的犬类学习和知觉实验。同时这台仪器的产生也是一个巨大的进步，因为操作者看不见屏幕，避免了“聪明的汉斯效应”，即实验者向动物提供隐蔽的线索，对实验结果造成扭曲。这个流程重述了20世纪60年代关于鸽子的实验，当时这个实验为我们揭示了动物如何组织它们的视觉世界——它们如何将原始数据处理为模式和图像。狗究竟是看到了屏幕上展现的东西，还是仅是对一种模式的反应，这依然是个开放问题。一些研究者在一些聪慧的狗身上发现了能够使用符号象征的智力雏形——它们能够将一只小玩具看作是一只大玩具的替代品，即一个东西代表另一个。

一群人围过来，朗格和同事索菲亚·维然依，另一位会议主持，骄傲地站在一旁。一只博德牧羊犬走过来，聚精会神而又紧张的如一位玩Xbox游戏的中学生，把鼻子顶到屏幕上，快速屈身叼走它的奖赏。哦，犯了个错误。意识到错误后，它把鼻子移到正确的图片上，但是太晚了。它不开心地盯着屏幕，等待下次机会。

朗格，金发碧眼，颧骨突出，是领域中的少壮派——虽然这个领域里的人都很年轻。她演讲中那份德国式的严谨使她成为会议中一位耀眼的主讲人。朗格和维然依通过一系列突破性的研究（发表于2007年）发现，狗具有选择性模仿的能力，像人类的婴儿一样。

婴儿，没有成人那样完整丰富的对他人行为动机的感知能力，也很早就能用直觉感知到人对目标做出的动作。在他们14个月左右的时候，他们并不仅仅有样学样——他们也能够分辨他们正在观察的人是否在进行能够达成目标的行为，如果是，他们才会模仿。

华盛顿大学的心理学家安德鲁·梅尔佐夫也在对模仿进行探索，他通过实验观察婴儿是否会看着实验员的动作来学习身子前倾，用前额去碰一个灯箱来开灯。大部分的婴儿会像实验员展示的那样，弯下身去碰灯箱。在动物的世界中，仅仅通过观察就去学习这种不寻常的动物是少见的——在某种程度上，模仿是人类文化的黏合剂。黑猩猩也能学会开灯，但它用手，而不会用额头。

一群匈牙利科学家进一步将这个实验复杂化，在一些测试中让实验员裹上毛毯，好像她得了感冒。没有毛毯时，她能轻易地用手来开灯。但是裹着毯子时，她的手也被裹着，只能用额头来开灯。婴儿们似乎看出了差别。看着把手裹着的实验员用额头去开灯的大多数婴儿会用自己的手去开灯，他们懂得用头碰对于达成目标并不是必须的。

朗格和维然依沿着这思路设计了一个实验，训练狗去操作一个杠杆来获取食物——狗通常会用嘴来完成任务，并让其他狗看它们，看是否能够学会。在一些测试中，他们给实验的狗一个网球，所以它们不能使用它们的嘴而必须用爪子。在这项不寻常的科学发现中，朗格和维然依宣称，狗和婴儿很像，如果必须，都能够为了获取奖励而模仿不寻常的动作。

这个尚存争议的结果当然不能证明狗比黑猩猩聪明。反倒是黑猩猩对于原因和作用的认识更有自信，毫不相信用额头按压的无毛人猿的古怪动作，而是用更简单的方法完成。一定程度上，实验结果说明婴儿和狗更易受欺骗，而这一点又是有用的。这是一种社交的天赋。它们认为——或是直觉，或是感受到实验者知道一些有用的信息：它们准备好要接受帮助。

梅尔佐夫猜想，模仿是通向成熟的智力理论道路上的第一道微光，也是研究的一步。再过一年多，他会把这些参加过测试的婴儿再带过来。但是应该过多久将狗带来还值得商榷。在布达佩斯，研究员约瑟夫·托帕尔测试了一只名为菲利普的 4 岁的比利时黑毛牧羊犬——它被训练为残疾人的助手，来看看它能否模仿一系列人类的动作。结果发现，菲利普是个奇才。在它观察到一位驯化者进行一个动作后——例如，把瓶子或木棍挪动到房间的另一个地方，它就能重复出来。对于实验者来说，狗没有双手，狗需要将动作转换到嘴上，这预示着它对动作的潜在意义有一定的理解：移动木棍，而不是生搬硬套地反应。当然，灵长类动物和海豚在这方面做得比狗更好。但是任何种类的模仿都是一种相对高水平的技能，20 年前没有哪个科学家会认为狗有类似的能力。

亚历山德拉·霍洛维茨，巴纳德学院的研究员和畅销书《狗的内心》的作者，走过来询问朗格她正在做的实验，调查狗是否会有妒忌这种感情。妒忌是一种次级情绪或自我意识的感情，通常还伴随着骄傲、羡慕、内疚和羞愧。可以说，妒忌和我们神奇的认知能力一起，将我们与其他动物区分开来。长期以来人们认为，狗具有一部分这样的感情，即便是未成熟的形式。对于它们的探索，是这个领域的重要问题之一。在一篇 2008 年的论文中，朗格和她的同事证实，狗对于驯狗师是否公平对待它们会做出反应。如果一只狗看见另一只狗因为伸出爪子而获得奖励，而自己没有，下次它就会犹豫要不要伸出爪子，或者根本就不伸。效果是模糊的，有些难以监测，但是朗格的团队已经足够满意，养狗人将会证明公平感是一只狗的道德知识的基础要素。然而关于这点，霍洛维茨的结论仍旧模棱两可。

2009 年，霍洛维茨发表了一篇至今仍很著名的论文，说明狗的有名的内疚表情在一定程度上是个拟人化的错误见解。犬类的内疚是狗类科学领域最古老的话题之一。达尔文认为狗能展现羞愧，这是内疚的近亲。康拉德・洛伦兹在 1954 年谈及了内疚。不同的科学家在这些年里一直探索着这个问题。在霍洛维茨的研究中，她让狗主人命令他们的狗不能吃任何小奖励，然后离开房间。但是她故意欺骗其中一些狗主人：她告诉他们说，他们的狗在明知不能吃东西的情况下还是吃了。狗主人训斥狗，狗便做出内疚般的行为——头垂着，避免眼神接触，耳朵耷拉着，悄悄溜走。霍洛维茨总结，这些行为是对主人训斥言辞的反应，不是因为知道自己吃了不该吃的小奖励而表现出的内疚感。怎么样才是感到内疚，这必须和对即将到来的惩罚的预知有关，而不只是一种做错事的感觉。实际上，看起来最内疚的狗是那些被错误批评的狗。这是虚假的认错，当然这是另一种拟人化的说法。

在一定层面上，霍洛维茨的结论似乎能证明狗的天真——同样也证明狗拥有不完美的察言观色的能力。但是即便斯特拉不会因内心的道德焦虑而变成拉斯柯尔尼科夫[1]那样的人（实际上据我所知，它比其他狗更不可能出现这种情况），关于内疚感本质的许多问题仍然没被解决。我从人类的角度来思考：我们对是与非的判断一部分是建立在内心对结果、对惩罚的恐惧之上的，无论是当即还是未来的结果。即使我们感到内疚，我们也可能会不知道我们究竟应该对什么感到内疚。被错误地指责也能引发内心的混乱不安。所以可能我们认为的内疚的表情是一种内疚的原型，一种更丰富的人类经验的基础。

当狗确实犯了错（在这里我要讲一个彻底的拟人化和不科学的故事），它或许会假装它没有，藏掖着一个秘密，害怕被发现。每个养狗人都有那么一两次，在门口受到了特别开心热情的欢迎，然后却发现厨房里乱作一团，垃圾到处都是，烧鸡的骨头渣子被藏在各个旮旯里。接着，狗的内疚表情出现了。这机制仅仅像是一次膝跳反应，是对惩罚的预感。这就是狗感到内疚并且知道一切的时候。我的经历能充分说明，狗的大脑有能力去处理这一事实：把垃圾撒满地板会招致麻烦。它有能力去设想，或许卑顺的表情动作能够使事情好起来。内在是否真正不安，是什么样的内心不安，这是科学从

[1] 拉斯柯尔尼科夫，陀思妥耶夫斯基小说《罪与罚》的主人公。

未回答过的问题——但牵涉其中的至少是一个值得探索的假说。如果狗在内心挣扎较劲了，那它们就在和我们认为正确的一切较劲。目光的回避、呜咽的请求，这些对我们做出的行为意味着内疚。或许这仅是一类有因就有果的事情。但它或许是狼族社交过往的一份遗产，是弱小者自保的一种方式，在当更有力量的动物对它所犯的错误做出裁决的时候。（即使在我们的世界，颁布法律的方式也不总是正确的。）

狗是否有一种类似人的公平感，是一个更有争议的话题。大量的证据显示，人类能从生物学层面上感受到不公平——对不公正之事本能地反感，这也是我们社交规则的基本组成之一。人们会惩罚那些处事不公的人，甚至让他们为此付出代价。其他动物是否也有这种特点，成为这10年来喋喋不休的辩论的主题之一。一项著名的研究发现卷尾猴拥有这种能力，但是其他研究仍然认为，卷尾猴的行为更多是与它们想要获得最多的奖励有关，而不在于相对的公平性：那些看起来复杂的一切实际上非常简单。

20年前，很少有科学家会相信狗有公平感——与养狗人不一样，养狗人都觉得当狗看到食物分配不均的时候就会闷闷不乐。

在我和斯特拉打交道的过程中，我是按照它真的拥有公平感而行事的——在它面前给了另一只狗奖励而没有给它，或者给它的不是一样大的，这是难以想象的。如果不是，那就要给两次，最后也要一样大（我一直设想着它的公正感是：给我两个，给你一个）。或许我的行为更多关乎的是我自己的公正感，关乎我要照顾我的家庭成员的愿望，关乎它所能感受到的事情。这是我无可避免地在它身边构建的拟人化神话的一部分。但是这里还有一些别的东西。运行着的机制要比简单的饥饿更为复杂。如果一只猫正被舒服地挠着肚子，斯特拉会在近旁看着，好似在等着一会儿就轮到它了：我也想被挠一挠。这是简单的——但或许这种感受就是更为复杂的嫉妒情绪的构成基础之一。无论如何，简单地说那就是——斯特拉是一本开放性的书（至少看起来是这样），而我在编写书的大部分内容。

每个人都会同意，狗和狼作为社交性的动物，有着各种方法来避免冲突，在族群中分配资源。在一些情况下，狗和狼会根据自己的能力和族群的需求而调整自己的行动，强化社会的准则。打闹玩耍中的狗会调整它们的进攻来平衡游戏，它们不会和一只不够格的狗玩。霍洛维茨在大会上的讲话中说道：“不遵守规则的家伙没得玩。”这不太是一项道德准则，而是一系列阻止攻击发生的仪式化的提示。

霍洛维茨在加州大学圣地亚哥分校做研究，之前他和科罗拉多州立大学的马克·贝考夫合作，马克是一位著名的动物认知能力的研究者，在研究狗类玩耍规则方面做出了领先的工作。霍洛维茨告诉我：“我研究生时期并没有研究狗。最初，我对狗感兴趣，只是把它当作可以帮助我们对思维做出推论的生物。我想尝试弄清我们看待事物是否和非人类的动物一样。”

随着她研究的深入，她必须克服对这份工作本身的一种基本的怀疑：“我不确信我要研究狗。我认为它是个不严肃的主题。为什么会这样，我想了很多不同的原因。其中一个原因是，它是驯养动物。科学家更倾向于研究那些未受人类影响的、原生态的动物。人类影响了狗的发展历程——这一点毫无疑问。”

随着她的学术生涯不断向前，她开始觉得，她的狗研究不再是研究人类思维的一种方式，而是在研究狗本身。她说，现在她工作的焦点就是“成为狗是什么样子？”这是一个备受争议的研究路径——自从托马斯·内格尔在1974年发表论文《成为蝙蝠是什么样子》，哲学家就一直在争论客体与主体间的障碍能否这样被破除。但是对于霍洛维茨来说，困难意味着机会。她说：“如何科学地回答这些问题尚不明确，这允许我采用各种不同的研究方法。”

她认为，考虑狗的主观经验（这也是自闭症动物专家坦普尔·葛兰汀遵循的原则）将会在我们如何对待它们上引发一场小小的革命。“它能真正地改变我们拥有狗的方式，因为如果我们考虑到狗的经验与感受，我们就很难做出类似将狗长时间地留在家中这种事情，就像对待孩子那样。”

努力窥视它们的思维内部，探明基于外部信号的内在过程，是困难得令人抓狂的工作。时常过度解释，部分地艺术化——这些在科学领域会是个严重问题。科学家从匆匆一瞥中去解读狗的精神状态，这很容易出错。

当我想起斯特拉的经历，我想象出一部无声电影，没有台词，周遭有各种声音和气息，刺激、紧张而生动，没有思想但实实在在，这是宝琳·凯尔[1]喜爱的东西。当然这是幻想。一些伯克利的科学家曾经检测人看图时的脑电波，然后根据这些脑电波成功地粗略地重构了那些图——读心术！未来的某些东西会让科学家找到一种方法去绘制狗的头脑内的电脉冲和激素分泌，所以我们能看到那部电影？这是另一个幻想吧。是一座我并不预期能够很快跨越的桥。

所以我们几乎只能根据外部行为来判断内在状态。人们对于每次看到的和它代表的意义总是充满分歧。即使我们即将得到我们期望的结果，也总有很多因素会干扰我们。其中最著名的是之前提到的“聪明的汉斯效应”。汉斯是世纪之交一匹著名的马，是个算术上的天才——直到人们发现它只是从主人那里接受了秘密的提示，虽然它的主人并不知情。我怀疑，对于跨越我们和它们之间的鸿沟，和动物建立联系的渴望是否也是新的错误的根源。在这领域中工作的人，谁不希望自己的推断能被证明是有天赋的呢？准确地说，狗不是人类却有某种超出本能的东西。在维也纳，这股有力的潜流是个明确的危险：它能牵制科学，把它拉向一种人和狗和谐共处的美好幻想之中。

随着犬类科学论坛的进行，科学的面纱逐渐被揭开。很多与会者呼应我的观点，狗类世界的改变即将到来。有时一股巨大的力量

---

[1] 宝琳·凯尔（Pauline Kael，1919—2001），纽约著名的影评人。

在到来，在等待被选择。团队中的驯狗师的人数远不如科学家，他们最易受这些情感的感染。一天下午，一位笨重而白发的瑞士女子——一位传奇的驯狗师，名为吐蕊·鲁格斯——上台演说。神秘主义者，那些和自然的隐秘世界交流的人，在狗类世界中总有一席之地。动物知识像是第二手的发现。我觉得鲁格斯就是如此。她是狗类语言的专家，人狗误解形式的专家，她满怀感情地宣扬一套新的驯狗的准则，来减少紧张性刺激，减少给狗带来的不必要的困难，并要将这些准则带入 21 世纪。她的要点是，因为我们和宠物的熟识度，我们没有用适当的关爱来对待它们，还使用着它们必然会误解的动作姿势。“不要抱狗！”她强调说，“教会你的孩子不要抱狗。”

斯特拉好像没有收到这份内部通知——它似乎喜欢被拥抱，或者至少是它压制着怒火不让我看见。但是毫无疑问的是，它应该如何被对待依然是件不确定的事儿。大会的中心目标和当下狗类世界被思考最多的都是专注于人狗之间的沟通问题——从彻底不同的参照系中产生的神经性交互。儿童尤其容易受到错误传达的影响。英国林肯大学的一份研究表明，62% 的被测试的 4 岁儿童会认为狗龇着牙是一个笑容。（当然成人也会犯这种错误。在一张照片中，一只从太空旅行中返回的俄国大猩猩扮着鬼脸——通常被人们认为是一个愉快的表情，但实际上那是极度惊吓中的黑猩猩的脸。）就像很多大会谈话中说的那样，重点是人和狗之间有很多有待彼此理解。

在会议中，我最喜欢的人是阿列克谢·韦列夏金，一位年轻的俄国生态学家，长头发，胡子茂密，穿着百衲夹克，充满魅力。他研究莫斯科的野狗。在一天下午的休息时段，我和韦列夏金聊了起来。他认为，成群生活的野狗有着清晰的等级制度和丰富的协作行为，在他的照片中，它们在搜寻垃圾箱，一只狗将收获传给等待中的同伙。这是令人惊奇的狄更斯的视角，一群尽力求生的亡命之徒——莫斯科的狗帮。韦列夏金说，一些狗专门乞讨，有些专门清除污物，有些占领特定的地盘或是特定的人群，有些甚至会乘地铁。我能够看出他对于自己的工作充满感情，高度认同自己的研究课题。他对于它们合作行为充满信心的描述吸引了维也纳一些科学家的注意，但是他来自一个不同的狗类文化，并用自己的方式回答了有关狗类智力的问题。

一天晚上，一位名为约翰·布拉德肖的著名英国兽医做了一场名为“家犬的概念化：我们是否应重新开始？”的演讲。它像是狗的新时代的一个序曲。布拉德肖说，今天的狗已不再像过去那样被限制，被那些陈规旧俗所束缚。它们已经从中脱身，以更进步的方式走进了文明：一切皆有可能。如此美满的设想让那位俄国人有些受不了——这对于他来说像海市蜃楼。在布拉德肖演讲之后的提问环节，韦列夏金从大厅中间的座位上猛然站起来。他说，在他的研究中他看到的是统治，看到的是团伙行为。统治是世界的方式，否认它没有什么好处。在会场这里也是如此。他指出，“你高高在上”——韦列夏金戏剧性地耸耸肩，“我们身居下位。你已经证明你拥有统治力。”

后来，那天晚上我去了大学旁的一家咖啡厅，很巧刚好坐在他和其他几位大会的持异议者旁边。他的一位同伴说道："他们居然用这么显而易见的方式研究狗。"

韦列夏金说："他们研究那些你第一次看就能一目了然的东西。"他的声音轰隆地滚过寂静的维也纳街道。

随后他取出笔记本，开始展示他的狗的照片——无疑，在对狗的爱这一点上，他和布拉德肖是能达成一致的。

布拉德肖的演说某种程度上是对西泽·米兰的训狗法中"成为团伙领袖"模式的攻击。这种模式强调让狗明白自己的地位，以及如果不及早或经常学习这一点会带来的糟糕后果。训练是狗类政治研究中的主要焦点之一。米兰的观点又由于他的名望而引人注目。除了安乐死没有什么能在狗类世界中引发如此热烈的争论，这在布拉德肖的祖国英格兰争论得比在美国更加热烈。

布拉德肖的演讲似乎在预示一个更好、更简单、更幸福的世界——一个充满奖励、动作和回应的世界。在狗的新世界里，狗将感受不到痛苦。但是狗会感受到什么呢？它或许会成为一个更幸福的生物，但也是更简单的生物，不是米兰想象中的那个摩尼教灵魂附体的需要你的帮助来达成他的恶念的动物；也不是那个依靠智慧谋生，和同伙们在莫斯科的街道上在废弃物中觅食的动物。尽管有些可疑，在类似布拉德肖的设想中，一些令人对狗好奇的东西消失了。

一定程度上，他似乎在简化狗，将它们简化到最基本的共同性上，好像人和狗的关系全部基于奖励。

狗的旧时代可能有些粗糙，但是它更加严肃对待动物的思想。这是个古怪的悖论。在过去的时代，狗是道德的参与者，或好或坏，或淘气或呆板——全是拟人化的说法。那时这不是个问题，因为科学尚不是主要因素——应对这些品格取决于驯兽师。在 20 世纪 60 年代或更早些，训练的最主要的方法是“这么做，或者那么做”。威廉·科勒，20 世纪中叶一位杰出的驯狗师，他曾是军犬训练师，后来成为迪士尼制片公司的首席驯兽师，方法就是让狗“对它动作的后果负责”。科勒是个爱狗人，他的警句反映出他对动物的尊重。他理想的动物是它不用套皮带，能够独立地工作，同时对主人能保持注意，能够知道不让自己惹上麻烦。但是科勒使用的将狗带入这样的成熟程度的方法——令狗狗窒息的项圈和皮带上的暴力猛拉——的确引发了痛苦。后来驯兽师们采用了更为温柔的方法，名为“猛拉再转动”，他们视科勒为一个怪物。的确他的书中包含一些猛料。在关于建议狗主人如何处理一只反抗而试图咬人的狗时，科勒推荐道，在狗的利牙咬到之前，把它按倒在地。“让一只仍有余力重新发起攻击的狗再次站起来是很危险的。”他用全部大写字母来强调他的观点。“看着一只狗呜咽着侧躺在地的确令人不开心，但绝不能让它伤害到你。”

即便在那些更无知而无情的时代中，也很难去设想很多养狗人一直遵循着科勒的方法。但是疯狂之中确实有理可循。他抱持着一个现在看来过时的想法，那就是：痛苦在美好生活中十分重要——即便对狗来说也是如此。痛苦，或是可能招致痛苦的威胁，是狼文化中的重要部分。在这里，低吼、撕咬和各种统治的展现都是为了强化更文明的行为。

在一些强硬的训练方法方面，米兰算是延续了科勒的传统，但是他增加了一个半科学半神秘的有关于狼群活动和统治的观点：需要让狗知道的不是谁是老板，而是谁是领导者。在他看来，狗不是人，所以人必须扮演得像个处于统治地位的狗，让动物躺在地上打滚，学习管理犬类社会的那些微妙的信号，和狗在一起会更自然。一天在一次北海岸动物联盟的聚会上，我看见了米兰。他看上去魅力四射，一系列干脆利落的手势似乎比他的话语更能沟通。无论是人或是狗，都会听从他。但这是否能证明他理论的准确性就是另一个问题了。

当下反对米兰的是响片[1]驯兽师，B.F. 斯金纳的弟子，他们认为正强化是让狗变得听命的最好的也最人性化的方法。像布拉德肖这样的科学家，认为米兰有关狼群的观念并不适用于狗和养狗人的关系（甚至可能也不适用于狼群）。

斯金纳的观念——梦想着存在行为的普适系统，声名狼藉的斯金纳箱子似乎是科学的陈旧阁楼上的东西。但是在某些方面上，斯

[1] 响片是一种训练动物的工具，通常形状是像火柴盒大小，里面安装有簧片，以响片的咯哒声来建立动物的行为与奖励间的联结。

金纳的想法在现在要比在 20 世纪 50 年代更为权威。在“二战”期间的动物训练领域，明尼苏达州大学的斯金纳的两个学生，玛丽安·贝利和凯勒·布里兰德，将斯金纳的操作性条件反射技术移出实验室并用它开展实际的实践。他们开始一项动物行为计划的事业，试图为全国的狗带来文明。但是狗类世界里无人听从他们新奇的观念。他们为电视节目和游乐中心训练动物，其中最著名的是佛罗里达的海产养殖场的海豚，那也是人们第一次训练海豚进行表演。看过专业化训练过的动物的人中，没人会否认操作性条件反射对于引导动物的思维是一个卓有成效的系统。

但是在狗类世界，斯金纳的训练方法花了几十年时间才战胜了科勒的严苛而粗暴的手法。1985 年，卡伦·普赖尔，一位前海豚训练师，出版了《不要射杀狗！》，清晰地将斯金纳的一套方法翻译得适应于狗类世界，向更广的大众介绍了如今无所不在的响片。她的方式毫不依赖惩罚，这在一个开始将狗视为家庭成员的国家是个巨大的卖点。响片的概念——用发出一种声音来标记一个被渴望的动作，然后用食物来奖励，让狗的训练不再那么有戏剧性，这是西泽·米兰及其追随者备受争议的地方。带着响片和一袋狗粮，一个驯兽师就能巧妙地控制一只狗，而不用和它在身体上进行角力。对于更高层次的服从竞赛来说，一些驯兽师认为，单纯使用响片训练法在效果上比不上同时使用奖励的诱惑和偶尔的身体惩罚。但是响片训练法将驯兽师和狗的关系中的消极感情移出去了，所以越来越多的驯兽师已经开始采用它。

操作性条件反射的有效性并不一定会构成认知上的争论，但是这种方法显现了联想学习的力量。如果联想学习如此有效，那么其他东西是否还有必要？它无疑简化了事情——做 X，Y 就会发生。操作性条件反射提供了我们能说、狗能理解的语言。它的大规模应用恰巧和我们在教养孩子方式上的变化相呼应。我们认为类似打屁股的惩罚能引起害怕、恐惧和损伤，对狗来说也是一样。

将惩罚移出的确是一件好事，但是这种训练模式也有概念上的问题。首先，所有的动物最后变得在学习能力上都是一样的，变得没有本质的差别。布里兰德们在他们 1961 年写的论文《有机体的不当行为》中和斯金纳分道扬镳，这个书名是对斯金纳的 1938 年出版的《有机体的行为》书名的挑衅。布里兰德们为了进行不同表演而训练的一些动物对行为训练并无反应：鸡会挠啄而不是静静站立，浣熊也不会交出给它的硬币来获得奖励。这类问题存在于几乎所有动物身上。仓鼠"在四五次给食后在玻璃容器中停止工作"，而海豚和鲸鱼"吞下了它们的操作物（球和内部的管子）"，猫"不离开饲养员所在的区域"，兔子"不会走到饲养员身边"。布里兰德们看到了利用食物奖励的条件反射训练的各种不同困难。

对于布里兰德们来说，这些结果等于是行为主义的失败，而那曾是他们的信条。心智加工的普适机制竟不是普适的。人必须根据一只动物的天性来合适地训练它，有些动物天生比另外一些要更难训练。这是显而易见的——你想想如何去放牧猫？但是对于斯金纳来说，这是个极端的邪说。

行为主义是理解世界的一种强大有力的方式，但是它的成功部分是由于忽略了那些最显而易见的事情，或者干脆宣称那些都是幻象。它是个简单的系统——科学赞赏简洁性，但是你若单独使用它，你就忽略了差别。老鼠、鸽子和狗，甚至还有人，最后都变成穿着不同衣服的相同生物。尽管作为一种训练方法它是有效的，但是作为研究了解动物的方式则益处不大——它似乎忽略了部分世界。即使是行为主义者也会情不自禁地像谈论人那样去谈论狗：它想做这事，但你不能让它做。一个人能否在日常生活中认真地将狗想象为纯粹的操作性条件反射的生物，输入和输出的生物，而不是一个拥有欲念和渴望的生物，一个有策略有计划和沟通意图的动物，这实在是个问题。争论并不仅仅在于科学。随着狗类世界很多问题的出现，它实际上更多关乎道德，关乎好狗和坏狗，拥有自由意志的狗，有自己思想的狗，没有被食物奖励洗脑的狗……还有如果没有这些概念，狗类世界会是什么样子。

我已在和斯特拉的努力相处中有效地利用了操作性条件反射。那跳舞的鸡、玩平衡球的海豹和从水中钻出穿过铁环的海豚提供了太多被忽略的证据。在斯特拉 9 个月的时候，我带着两袋子鸡肉条，决定简单地尝试着来训练斯特拉，我用了一周的时间教会它走过来、坐下、待着不动、吠叫还有亮出它的爪子——拉、扯、哄骗慢慢变为类似于服从的行为，至少有鸡肉条在的时候是这样的。鉴于它是个难控制的生物，我也是个不怎么样的驯兽师，这已经很神奇了。有时我要给它一块饼干了，它就能迅速地做出以下动作：爪子在空中抓，然后猛然坐下，摆出一副拙劣的奴隶式的服从姿态。我有时真希望我没有教过它依命令吠叫，因为即使没被命令它就已经常常吠叫了。

我不会认为我正在触及它全部的大脑——或更确切地说，那与我们联结的部分。那里还有另外的结构，那是响片奖励无法说明的途径，运转着它自己的世界从而做出反应。例如，它精心的欢迎不是为了请求奖励，而是试图与我联结。当然我不想去相信我们的关系纯粹就是交易—— 一种贿赂的文化。我把这种训练方法更多当成一种世界语，或是事务性语言，方便沟通一些事情但在另一些事情上则保持缄默，对所有的动物——老鼠、鸽子、海豚、鸡都有效。但是关于是什么使狗对和人类共处的生活如此适应，行为主义者基本是沉默的，这也意味着新一代的科学家，就像我在维也纳遇见的那些人，他们会迈步向前，填补这些空白。

第四章

两情相悦

为什么狗和人能如此完美地契合，这种关系是如何进化而来，这正是新犬类科学研究的核心。研究者们希望能将从动物行为学和心理学得到的发现应用在人狗关系中，去精确地评估那些看起来最为寻常的交流。核心的观点，同时也是最有争议的观点，叫作趋同性：对和人共处生活的适应，使狗变得更像人，使它们发展出人类社交才能的基本形式。犬类科学不仅意在揭露是什么使狗成为狗，同时也要弄清是什么使人成为人。

在 20 世纪后半叶，一些科学家单纯只是对狗感兴趣，最著名的有约翰·保罗·斯科特和约翰·L. 富勒（他于 1965 年出版的著作《狗的遗传学和社交行为》仍是犬类科学的圣经），但是近 15 年来对狗的研究爆炸式地增多，使用动物行为学的方法进行的研究尤其多。对科学家来说，狗的动物行为学概念似乎是自相矛盾的，因为动物行为学意指对处于自然环境中的动物的研究，而狗的环境似乎一点也不自然。这个新领域需要更多关于狼的行为性格的知识，来了解从狼到狗究竟发生了什么变化，这恐怕是犬类科学要面对的最大挑战。

一个凉风习习的夏日下午，太阳在云层间穿梭移动，我和亚当·米克洛什共进午餐。他是这个新领域的核心理论家、支持者和主办人，并于 2008 年在布达佩斯组织了第一次犬类科学论坛。米克洛什是厄特沃什·罗兰大学的教授和家犬计划的带头人，他双目有神，健谈语快，是个查理·卓别林式的人物，留着山羊胡子，穿着工装裤和满是口袋的马甲。我们坐在大学主建筑的院子里的一张桌子边，我一边按住面前的论文，以免它们被风吹走，一边听他谈起刚开始在这一领域展开研究的时期。"我们对正在做的事其实没什么概念，"他对我说，"现在看来它很简单，但在当时并非如此。我们开始一个接一个地做实验，写出基本的结论。所以关于趋同进化的整个想法是逐渐形成的，我们也是逐渐开始严肃对待狗从起源上适应着人类环境这一观点。"

20 世纪 90 年代时，米克洛什是布达佩斯的动物行为学家威尔莫斯·克萨尼手下的一名年轻的研究员。在那 10 年的大部分时间里，他们做了关于天堂鱼的攻击性和逃避捕食者的实验。但是在 1994 年，克萨尼宣布实验室从此开始研究狗。米克洛什，一个满怀抱负的年轻科学家，充满疑惑："'天哪，你疯了吗？'我当时就是这么想的，虽然我没有说出来。"他告诉一名记者："我们没人感到高兴。"

克萨尼是一位杰出的进化论研究者，但也是一个变节者。他似乎乐于指出科学家的骗人把戏，好像在故意招惹别人。他其实一直对狗感兴趣。在 20 世纪 70 年代，也就是黑猩猩瓦肖的时代，研究者们正对动物的语言学习感兴趣之时，他开始对狗进行类似的复制实验，但是发现太过困难。狗从后门再次进入他的研究——那一扇他家的狗也使用的后门。工作时，他观察他的天使鱼。在家，他记录他的狗菲利普和杰瑞的行为，并且留下了大量的观察日记，一套充满闪光点的趣闻集，时而会描绘出克萨尼家庭生活的美好图景。对某些养狗人来说，《如果狗会说话》是一部温情的作品，在很多方面进行了拟人化，用科学化的语言巩固了我们对这个和我们分享生活的聪明小生物的先入之见。它和维多利亚时期的小册子一样多愁善感，但是它充满了深入的进化论知识。就像维多利亚时期的达尔文及其研究一样，克萨尼的科学也从家中开始。

菲利普，是克萨尼在山中散步时发现的一只走失的狗，是养狗人喜欢夸耀的那种不寻常的狗——据克萨尼说，它对主人的行为方式有着不同寻常的理解力，是对智力的补充，是一种情感天赋，一种惊人的语言。菲利普会用一种无声的方式传达它的渴望。当它从雨中回家想要毛巾来擦身子，它会在地毯上蹭头，然后紧盯着它的主人。它依靠模仿来学习，了解家庭习惯，并在家庭中找到合适的位置。克萨尼用确定的语言给出很多赞扬的推论："它很明白，谁能质疑这一点呢？"或者"我能肯定它或多或少理解这个"。他的创新是用实验室的工具和方法进行家庭式观察。"他经常带着菲利普做过的聪明事走进来，"米克洛什告诉记者，"然后说，'我们怎么证明这个？'"克萨尼对狗的认知可能几乎没有设定任何限制。他甚至说，养出会说话的狗也是有可能的。这话当然有开玩笑的成分，但从这背后可以看出他的认真。

克萨尼的推断对这个领域来说是个复杂的新生物，包含很多科学的原罪。但是米克洛什并不辩解。“他的态度总是煽动性的，”他告诉我，“他教我们让假说也充满煽动性。这样要么你就得支持它，要么你就得做实验驳斥它。”

他们将狗的自然环境就是人类社会这一观点作为他们惊人激进的前提。“这就是我们想研究的，”米克洛什告诉我，“我们想知道狗如何理解以人类为中心的生活环境。”他们把重点放在那些在最普通环境中的最普通的狗。他们特地把他们的中心命名为“家犬计划”。不去尝试将狗的天性从它们在与人接触中所学会的一切中分开，研究者们研究的就是那些和人一起长大的狗。很明显，关键的优势在于这种狗数量巨大。

激进的观念听起来一点也不激进——狗的自然环境是和人在一起。但是科学家首先要努力做的是分清哪些是有趣的或是值得研究的，哪些是可以被测量的。他们没有可以回应的论文，也没有可以借鉴的报告。传统上对动物认知研究的物种不是老鼠和鸽子，就是灵长类动物。

“我们花了 4 年时间才想到一个好主意，”他告诉我。他们首先成功研究了依恋，这是任何社交物种最基础的情感组成元素。弗洛伊德之前就写到过依恋，但是是英国心理学家约翰·鲍比将它变为一个科学观念，在 20 世纪 50 年代的学说浪潮中作为认知革命被大家知晓。鲍比第一次对他的理论进行清晰的阐释是在他 1958 年名为《儿童依恋母亲的天性》的论文中。他不仅借鉴自己作为儿童心理学家帮助“二战”孤儿的经验，还借鉴了自己的童年经历，和他认为伤害过自己的上流社会的善意忽视和寄宿学校的育人方法。虽然他是一个心理学家，但他着实因这个领域中严谨性的缺乏而感到困惑，他要寻找一个应用于新兴的动物行为科学开端的方法。

整个 50 年代，鲍比一直和尼克·廷伯根及康拉德·洛伦兹这两位诺贝尔奖获得者、动物行为学领域的奠基人保持着密切联系。动物行为学基本上认为，儿童对母亲的依恋是一种本能，是成长的一个关键因素，它的缺失会带来不好的结果。依恋界于依赖和附属之间，是黏合人类群体至关重要的胶水之一。鲍比强调，这种基本的人类冲动具有普遍动物性——同样的依恋行为、对恐惧的反应和分离焦虑，在人类婴儿和恒河猴身上表现很相似。

在从鲍比的理论中引发的诸多实验中，最有影响力的是陌生情境实验，在 20 世纪 70 年代由玛丽·安斯沃思发起。她是一位心理学家，是鲍比在伦敦的塔维斯托克诊所的同事。在试验中，儿童（安斯沃思的实验对象是 18 个月以下的儿童）被安排在一个房间里，还有妈妈或照顾者和一些玩具。妈妈或照顾者离开，一个陌生人进来。在儿童和妈妈以及陌生人不同的分离和重聚中，研究者测试儿童的“安全依恋”。安斯沃思发现，儿童在有“安全基础”——照顾者在场的情况下要比独自一人或有陌生人的情况下更愿意玩耍和探索。如今，安斯沃思详细的实验规程已经在多个文化的更大范围内的婴儿中进行测试；她的发现已被编组为几种明显的人格形式，这已成为儿童心理学的基础诊断过程。

1996 年，米克洛什和约瑟夫·托帕尔等同事改动陌生情境实验去阐明人狗关系——他们使用了“一种适用于母婴关系评估的动物行为学方法”，就如他们研究中写的一样。结果是，陌生情境实验对狗同样适用。狗对待主人就像婴儿对待他们的妈妈：狗在主人在场时表露出较少的焦虑。当主人回来时，它们会热情地欢迎主人。试验结果对于养狗人来说不算惊喜，但是此时此地用科学术语来讲，它是犬类美德中最基本的。忠诚，这是推崇狗的前维多利亚人所引以为豪的。

斯特拉的一些被我视为顺从的行为可能更适合被描述为依恋的结果。当我起身离开时，它开始大声吠叫，有时它会试着阻止我离开，好像它正在被一群饥饿嗜血的野狗追击，而这通常是它的想象，事实上追着它的只是两只和它一样可爱而喧闹的动物，它会跑到我的双腿间避难——它像个半人半鸡。

维多利亚时期的人将狗的忠诚视为天生，而科学家视之为依恋。米克洛什的家犬计划中的其他研究考察了饲养主的存在对于狗解决问题的促进作用。米克洛什发现，狗对于问题的第一反应是看看它的主人，这时常是个很好的解决方法（就像斯特拉和藏着鸡肉的冰箱的情况）。无论多粗糙，这是一种合作的形式，是一种有用而先进的能力。

陌生情境实验和其他依恋试验为狗在家庭中的行为确立了一个基线。除此之外，它们还提供了狗拥有儿童天性的更多证据。狗是被阻碍成长的著名例子。狗看着像儿童，行动像儿童，一把年纪还在胡闹，它们也被当儿童对待——这实际上似乎强化了它们的儿童行为。米克洛什和他的同事发现，狗的依赖性和它主人的拟人化程度相关。

一些狗拥有了更加极端的婴儿特征——哈巴狗奉承的脸和鼓大的眼睛，波美拉尼亚狗小型化的可爱样子，这些是出于人们半自觉的设计，是150多年精心繁育的结果。如果想和像人类这样专注于婴儿养育的物种好好相处的话，可爱是强大有力的革命性武器。康拉德·洛伦兹在20世纪40年代开始对可爱的研究，收集了一系列特征，包括大而圆的头，脸上的大眼睛，这些婴儿图式引发了照顾者的“内在的释放机制”。可爱的反应是被设定好的：斯特拉用它棕色的大眼睛使我着迷，让我忘记了它闪亮的狼牙，忘记了它是设定好的寄生物这一点。它似乎戏弄着我，但这实在让人无法抵抗——它真是设计的奇迹。

但是可爱不是一切。无疑，幼态持续，成年动物身上儿童特征的保留，在狗和人的关系中起到重要作用。狗儿童般的面部特征和行为是人类千百年来培育选择的结果，这一观点现在已被广泛接受。哈巴狗宽圆的脸、夸张的大眼睛，是以玩具的形象被创造的。但是考虑到狗所具有的狼的血统，可爱或许是促进人狗关系的一个副产品。究竟可爱在前，还是人狗关系的亲近在前，这是一个鸡生蛋还是蛋生鸡的问题，但在其中的鸡和蛋都很重要。

对于亚当·米克洛什和他的同事（同样对于西泽·米兰）来说，理解狗意味着理解狼。通过研究两者的不同，他们才能清楚是什么使狗成为狗。区别是不言而喻的。狼有着长鼻子和令人敬畏的利牙，没有幼态持续。它们以自然的面目出现时还算可爱，可这可爱在它们将牙咬进麋鹿的后腿时就终结了。狗不是狼。一个人看着吉娃娃或斗牛犬那像是被压进去的口鼻时，绝不会怀疑这一点。狗和狼在生物学上的差异也有很多：狗的牙更小，头更宽更小，口鼻和狼相比要更短。狼一年发情一次，而狗一年两次。狼比狗叫得更少，也很少玩耍。狼似乎拥有更短的社交窗口期。但是对狗来说，即使在它们的社交窗口期被关闭后，它们的社交身份也比狼多变而且适应性更强。

但是要从更深层次上区分它们却十分困难。斯特拉摇着尾巴在曼哈顿的狗狗游行庆典上笨拙地散步时，一点也不像狼。但是当它奔跑和跳跃时，又确实有狼的感觉。从遗传上来说，它们的物种是相同的，以至于有些科学家疑虑是否应该将狗区分为一个独立物种。这个想法背后的发现是最近的事。到了1993年罗伯特·韦恩才利用线粒体DNA确切地证明了狗起源于灰狼，它们的线粒体DNA的差别不到0.2%（和郊狼差别大约4%）。“狗是灰狼。”他写道。这个发现——或者说是证据，因为它一直被质疑——是将物种的名称从狗改为狼的好机会。狼的适应能力，千百年来它在不同的气候环境和地理范围的分布，构成了狗非凡适应力的基础。

观察野生的狼是极其困难的，因为它们的迁移迅速而频繁，而且对于闯入者极为警惕。但是观察被俘的狼本身是存在问题的。从20世纪40年代到90年代，科学家一致认为狼群是由一群几乎没有联系的个体组成，只在冬天才聚集在一起。关于它们残酷的等级制度，严格的秩序，我们可以用一张复杂的希腊字母表来标示其中的各种社交角色：公头狼（阿尔法公狼）残暴地压迫、强硬地执行，从而使边缘狼无法取代自己。只有一对狼能够繁殖；母头狼（阿尔法母狼）被认为是利用暴力和威胁来阻止任何不被允许的交配。这不是个美好的世界，大自然也不是美好的。科学家认为，狼的社会地位几乎是先天决定的，因为从属的动物没有任何机会繁殖。但这一观点最后被证明是错误的。因为这个结论是基于对被俘的动物的研究—— 一群被扔在一片圈占地里的毫无关系的狼。这就像为了弄清人如何典型地对待另一个人而研究一座监狱一样。

事实上，虽然狼在野外对猎物很残忍，但却是个温柔的家族生物。大卫·米克，一位明尼苏达大学的教授，被誉为野狼界的珍·古道尔，在他于加拿大西北部数十年的研究中发现，狼在自己的环境中十分安详友好。“如果说和其他狼的统治竞争真的存在，那也很少见，”他写道，“至少在我对埃尔斯米尔岛狼群的13个夏天的观察中，我没有见过。”米克发现，狼群大部分是家庭族群，年轻的成年狼四处觅食来养育它的弟妹，直到它们离群开始养育自己的家庭。就是说，理论上任何狼都能成为头狼，只要离开它的父母组建新家庭就可以了。（因此，如果西泽·米兰用的词是“成为爸爸或妈妈”而不是“成为阿尔法”，会更准确，虽然阿尔法这个词并没有深入美国人心中。）实际上是米克自己在1970年的《狼：一个濒危物种的生态学与行为学》一书中的使用使“阿尔法”这个词变得流行。（“我因‘阿尔法’这一术语遭到了不少指责。”他在一个采访中腼腆地说。）

对狼的新认识，在过去十年间得到改善，绘出了一个微妙的图景。统治和屈从的各种行为虽然仍旧存在，但是它不再是一套靠暴力来巩固的地位规则，而是一套礼节的系统，使任何潜在的攻击冲动净化为一套行为规范，使得狼群受到完全的限制而几乎不会爆发公开的争斗。

欢迎和告别的表达使得狗能顺利地进入我们的家，这在狼的社会中同样存在。这里，统治和屈从变为了复杂而仪式化的礼貌——低头和转身离开表示展现尊重。其实，这种仪式也和分享食物有关。狼也有很多面部表情、可能交流的层次，这意味着在裸露的尖牙之外，我们还尚未开始探索。

斯特拉的确有许多表情和姿势能揭示它内在的精神状态，虽然价值不大。我能够像读书那样读它，虽然我知道我的很多解读是不正确的。它一系列本能的哀嚎和呻吟无疑和内在状态相关，显然它也是想要交流。现在，它在我身后转悠，偶尔发出一阵轻微但坚决的哀号，无疑想要让我从椅子上起身，带它去散散步（或许这猜想是不科学的）。它会一种恐怖的叫法，短促而尖锐，有些凄惨，还会一种洪亮的中音警告叫法。它会一种低沉而欢快的叫法，时常冲隔壁消防站这么叫，因为那里时常会有人给它饼干。

相较之下狼的发声方式就显得有限了。它们纯正的叫声倾向于用在一些防御或争斗的情况下，太多的噪音会妨碍捕猎。

但是狗无须面对这种限制。彼得·彭克莱兹，是米克洛什在厄特沃什·罗兰大学的同事，他研究狗所处的环境——恐惧、对散步的渴望、孤独（当狗被拴在树上），是否和它的叫声相对应。他发现，从发声方式很容易就能了解狗的精神状态。在有些情境下狼不会叫而狗会叫，这一事实对于一些科学家来说意味着，为了和人类交流，狗的叫声或许已经发生演变，当然在另一些人看来，这假说有些离谱。

鉴于狗从狼进化而来，它们拥有一套与资源分配相关的高度发展的丰富表情系统是很自然的。

头狼夫妻要保证它们照顾的所有成员都能分享食物（虽然经常是当公头狼出现时，它会获得最多——事实就是如此），并确保没有其他成员交配繁殖，但或许部分是因为可能的交配对象是它们的父母和兄弟姐妹。

狼的凶狠礼仪已经成为一个不可或缺的人类象征，狼这个幽灵般的物种，因它的智力和家族观念而在神话中被颂扬，甚至在很多文化中被写进人类故事——想想罗穆卢斯和雷穆斯[1]。我采访的科学家都在关注并探寻这种智力由什么组成，潜藏在狗的社交行为之下的是什么精神机制。但是要探寻狗和狼之间有什么不同是个难题，

[1] 罗穆卢斯与雷穆斯：罗马神话中的一对双生子，传说他们是被狼抚养长大的。

因为狼太特殊了。狼是很难研究的动物，一个不科学的观察反而可能碰巧是正确的。它们对人的态度易变而难以预测。你可以去训练一只狼，但最后你得到的可能不是一只狗。驯化者必须采取保护措施，即便如此，在最最谨慎的情况下，事故也可能会发生。

一个寒冷的11月下午，我曾在狼穴中见过狼，那是马萨诸塞州伊普斯维奇的一片保护区。当管理员走进院子时，狼用后腿站起来，把爪子搭在管理者的肩上。一次，有一位管理员走得过快而忽略了这一仪式，他的脸被恶意地咬了一口——这是个警告。这是狼在通过控制攻击的轻重来维护他们的相互关系，这给像米兰一样的驯兽者提供了证据。

可当管理员以合适的方式走进院子时，狼会懒洋洋躺在地上，很乐意被管理员挠。头狼叫作维维尔，或许在野外已无法成为头狼。它因为吃了太多周围人在秋天送来的死于车祸的鹿而变得很胖。它9岁了，因为下颌的肿瘤经历过一次大手术。当管理员送来狼用乳酪，维维尔用它笨重的身躯愤怒地将一只母狼赶走。母狼离开了，但很快就发现维维尔之前藏的一块饼干。在维维尔没有察觉时，它走过去把饼干挖出来，吃掉了，然后直接在坑中撒尿以防被发现。

在野外的狼的研究则几乎要退回到传说中，退回到个体动物的特殊行为中，很容易被神化。它们的埋伏、接力跑、阻拦飞奔的猎物，被认为是策略天赋，显示着惊人的认知力。这是它们传奇的重要部分，但是对于这些能力的科学证实是极其难以获取的。关于狼最好的早期研究工作是由密歇根大学的哈里和玛莎·弗兰克完成的，他们发现它们拥有一种类似本能的核心，一套和环境匹配的反应，如果环境改变巨大——就像当它们以一群没有联系的动物被养在笼子里时，它们的本能会陷入紊乱。行为模式如此易碎，这也是很难繁殖被俘的野生动物的原因。温顺可能意味着行为的灵活性，但这同时意味怎样都行的模糊性。或许温顺的动物更适应环境，因为它更少向上竞争。环境造就的一套行为的复杂系统虽然精致但是易碎，温顺的动物则拥有一套更简单而粗糙的系统，在任何地方都能有效，但是缺失了野外的丰富和精细。从这个角度看，驯化是一种倒退，它意味着懈怠，意味着锋芒的缺失，肉体上和精神上遭受挑战的动物正等待着援手——依靠者。

在原始智力的测试中——方法和目的，问题解决能力方面，狼比狗更为聪明，这对科学家来说合情合理：在自然环境中，狼需要分辨更多事物，这是获取食物必不可少的。因此，它们的大脑实际上比狗的大脑要大——大出10%～30%。在20世纪80年代早期，哈里和玛莎·弗拉克发现，狼看过管理员开门一次之后便能学会，而狗要努力地多次学习才能学会；狼能很快学会绕开障碍物，而狗做不到。

但是狗对人类不寻常的反应力使得情况更加复杂。它们为了解决问题而看着我们，这并不是一种愚蠢的表现。因为还有什么比人更会解决问题呢？狗为了解决那些狼需要自己解决的问题而看着人类主人或管理员——这是不聪明，还是更理智的策略呢？另外，大脑的大小并不意味一切。我们的大脑比 10000 ~ 15000 年前小，这大概是因为这个时期我们停止了狩猎和采摘的生活而搬进村落。（所有的动物在驯化的过程中都减小了大脑和脑力，人类也是如此。）不知是不是巧合，这大约也是狗走入我们生活的时间。

狼身上有许多有关智力、预见性和社交能力的著名传奇故事。但是想要在它们的自然环境中研究它们的特殊才能，比如它们和其他狼、猎物的相互作用，是极其困难的，至多是或许碰巧能成功的事。它们移动迅速，小心翼翼，和古道尔的黑猩猩可不是一回事儿。

研究野狼的困难性让犬类研究者别无选择，只能研究被俘的狼。另外，为了弄清狗如何对待人类，知道狼在类似的情境中如何对待人类是很有必要的。但错综复杂的先天自然和后天培育的问题似乎无法很快得到解答。

为了使用比较生理学的规范方法——曾用于研究婴儿和猴子——来弄清狼的认知才能，研究者必须使狼社交化，但这并不简单。狼的发育期很短——只有 5 个星期，而狗至少 16 个星期。这意味着，使它和人社交化的同时必须兼顾它对母亲的需求。吸引狼的注意力很困难，即便是一直在人群中养大的狼。这使得对狼展开那些对狗做过的各种社交认知实验变得困难。

事实上我们也不清楚如何饲养被俘的狼。在像印第安纳州战场的狼公园这样的保护区，这是美国最大的狼的中心，狼对驯化者和游客已经感到习惯（这里对游客开放）。但是它们并没有做出任何努力使自己的行为和狗的行为一致。它们就是狼，像狼一样行动。

其他科学家已经努力让狼更好地适应人类。从 2001 年开始，位于布达佩斯的厄特沃什·罗兰大学的科学家们亲手养育了 13 只四到六天的狼。他们将它们从母亲身边带走，在随后发育期的关键几周里，他们用瓶子喂它们，拴着皮带遛它们，尽可能地像养狗那样照顾它们。然后在第 16 周的时候，他们让它们成群地住在一片圈占地里，一周去见几次。这些狼朝向狗王国更近了一步。它们知道自己的名字，被叫时会走过来，当有人敲响食碗时，它们会注意。但是它们没有沿着这条路走下去，它们并不准备像被如此养育的狗那样和人类进行目光交流。在一个实验中，实验员同时给圈占地里的狼和狗展示一些美味的鸡肉块。狗迅速地望向人来解决问题——去给它们取来，而它们望着实验员的时间要比狼更长。米克洛什和他的同事疑惑道，难道狗真的是被选来用这种方式和人类照顾者相互配合的吗？或者狼仅仅是不情愿去看另一种动物的脸，不情愿开战？

米克洛什和他的同事认为，狼更难将人类视为社交伙伴，无论它们如何彻底地被养育。一个重要的原因是它们没有像狗那样和人类照顾者之间形成相同的依恋。在陌生情境实验中，它们对于陌生人和照顾者的行为大致相同。

遗传学家也一直在从内部缩短狗和狼的差距。最吸引人的线索来自于罗伯特·韦恩和一些同事对犬科动物基因，如狗、狼、郊狼、狐狸和豺的大量而长期的研究，其结果在 2010 年开始发表。在狗区分于狼的一个基因位置上，类比人类同等位置的基因，我们可知这和威廉氏症候群相关，这种症候的症状包括开心、喜爱社交、小精灵般的面部特征和一定程度的智力障碍。“这就是所谓的派对基因，”韦恩告诉我，“威廉氏症候群患者喜欢派对的生活。他们十分有吸引力，经常有人们围绕着他们。本质上，他们没有和别人接触的恐惧感。”

威廉氏症候群患者喜气而吸引人的单纯和狗的性格很像。“在论文发表之后，”韦恩说道，“我收到几个威廉氏症候群儿童患者的家长的电子邮件和电话，你能想到，他们基本上都在说：‘居然说像狗！我的孩子这么友好，引人注目，对人这么关心！’”威廉氏症候群患者也可能是出色的记忆能手，有着其他认知能力所无法匹配的卓越而实在的智力。他们和别人相比更容易摆脱种族偏见，这种热情的开放让狗更容易面对这样的事实：它有四条腿，而它最好的朋友只有两条腿。

对狼类科学家来说，狗从狼进化而来是最无趣的。人们关心狗比关心真实的狼更多。它们是无心的背叛者的后代。谁是那位愚笨的斯夸托，谁第一个走进人类的阵营？这一切已然发生，无法被否定，但不是什么值得庆祝的事。在他们眼中，狗仿佛是私生子——被谈论得越少越好。

这些联系和情绪使犬类科学变得复杂。两种动物都被神话的披风部分地遮蔽，一层一层充满迷惑，以至于很难真实地看清披风下的动物。但是有一点是清楚的：狼和狗走在不同的道路上——尽管有同样的旅行代理——人类。狼和它的生态必不可分，那是它野性的阵地，你不能只选择其中一个。现在被实验的狼是必要的使者，但是人会情不自禁地感觉它们有些像美国原住民，早期的殖民者将他们带回故国，他们的头饰和盛装在伦敦客厅中和在森林中意味着完全不同的东西。

但是狗在我们的路上，和我们走在一起，或者待在我们脚边。它的生态就是人类世界，千百年来一直如此。对狗来说，响应我们是最基本的，我们世界的规则简单易学，无须太多特殊训练。结果是，它很温顺——有时也凶猛，我们也是如此。

第五章

跃向人性

和斯特拉一起的生活如此自然，得益于我们相互的关注。它不是那种聪明的、有心灵感应的、似乎提前知道它的主人要做什么的生物。它的许多动机都出于利己，但它仍然对我着迷。它小心翼翼地监视着我在公寓周围的一举一动，主要为了看我是要去厨房还是门口。当在外面它被皮带拴着的时候，它会不时地转头看着我的眼睛。这是一个小礼物，但却弥足珍贵。而我对它的依恋部分在于我想帮助它——给它关心照顾，为它打开门，给它的爪子解开皮带。如果你忽略它是一只狗的事实的话，这是人之常情，是世上最自然的事。它的温顺让我可以这样关心它。它把我看作盟友，而不是威胁。这让我们得以建立其他连接——密切关注我行为的细微差别、我在看哪或去哪、我的手在干什么，这也会给它带来回报。

事实证明，肢体语言是促进人狗关系的关键因素，是犬类科学家们主要的关注点之一。在维也纳的一天上午，我见到了朱莉安·卡明斯基，她是莱比锡的马克斯普朗克进化人类学研究所的研究员，这个研究所是世界上最早进行动物认知研究（虽然它的主要目标是更好地了解人类进化）的中心之一。卡明斯基被安排在犬类科学论坛的最后一天给大家做演讲，内容是关于狗对人类给出的信号卓越的响应性。

卡明斯基以研究里科和贝特西这两条天才狗而著名，这两条狗是词汇学习天才，它们都是边境牧羊犬，这个事实令所有地方的边境牧羊犬主人自豪，它们堪称狗世界里的虎妈。边境牧羊犬通常被认为是狗世界里最聪明的。实验室做这些测量也无可厚非，不过作为普遍的养狗者，我很高兴不用给斯特拉做智商测试。卡明斯基推测它们卓越的天赋，发展中的类灵长性，是因为牧羊犬一直被作为牧羊者而驯养所带来的结果，它们的认知器官一代代地逐渐进步。

卡明斯基和她的同事希望，通过观察狗在适应和人类一起的生活中形成的品质，可以解释人类怎样进化到集体生活的。她说："狗似乎会做一些我们的近亲类人猿不做的事情。""我们需要探索这个现象的机制来了解人类的沟通方式是否真的独一无二。"狗绝非卡明斯基的唯一研究兴趣，甚至绝非她的主要研究。她还做过山羊视线跟踪能力的研究和灵长类动物的广泛研究。

她的同事，马克斯普朗克研究所的共同负责人，迈克尔·托马塞洛，和她合写了很多篇比较认知方面的论文。在驯养假说这个新领域，他和杜克大学人类心理研究组组长布莱恩·黑尔一起合写了一些最具挑战性的论文。驯养假说认为，狗在进入人类历史以后，在社会交流方面经历了一个认知成熟期，为了和人类交流，狗形成了"一套完整的社会交际才能"。

卡明斯基不完全同意这个假说。她后来在电子邮件中告诉我："我认为狗确实具有一定的先天优势才被挑选来接受人类的信息。”“可能性格会起到一定作用，但我认为这并不是全部。我认为狗经过了特殊的挑选和训练来‘理解’人类的信息。这使它们成为打猎、放牧等活动的完美‘工具’，这些活动要求它们间接地‘理解’人类的信息。在这些任务中，那些由于没做出反应而表现不好的狗很有可能不被选择来训练。”

但是卡明斯基对这个假说更极端的公式化表述表示怀疑。“他们认为只有这一个发展阶段，然后通过驯养，发展的结果就会爆发显现出来。”她对此不以为然。她绝非行为主义者，但是她也不把狗和海豚归为一类。“这是两个极端，”她告诉我，“我们需要更多的研究来一探究竟。”她认为狗在它们与人类的交流中有一些独特的、惊人的技巧。但是这些技巧是什么，这些技巧之下潜藏着什么样的精神状态，这些仍然有待厘清。

卡明斯基的演讲是最后一天会议的核心。她演讲的题目“像婴儿，还是像狗？”启示我们，也许狗不仅仅是恰好适应了人类文化。尽管狗有嗅东西和抬腿撒尿的偏好，但它们还是成功地获得了一些和人类一样的交流能力。总之，它开始跨过那座桥。无论如何这对我来说，是一个美化犬类科学的议题，这个议题的提出也引起了其他讨论。也许狗以某种方式呈现出人类特性。也许，靠着运气和设计，我们使它们有了部分的人类形象。但是我知道，对简单的公式化表述要持怀疑态度。

卡明斯基展示出一个睁大眼睛的婴儿的幻灯片说：“我想说的是一个非常具体的人类手势，那就是指示。”正如她所说，指示是一个三方的交流，包括一个发送者、一个接收者和一个共同关注的物体。指示和婴儿语言的形成密切相关，并被用于语言习得。比如，当一个婴儿指着一件东西时，妈妈就说出那件东西的名字。但是指示这一手势的形成还在语言之前，它是学习分享世界的基本工具。比如，有自闭症的儿童就很难做出指示的手势，这是他们和外部世界之间存在障碍的早期预示。三方交流在动物世界也是相当罕见的现象，而用手指这个手势则更稀有了（也许部分是因为其他动物没有手）。黑猩猩、倭黑猩猩、狒狒——我们的近亲，会用很多手势，但是在自然环境下，它们几乎从来不会像狗和人类那样使用“指”这一手势。但是狗，甚至是小狗，都能很快学会通过指示来获得隐藏的食物。这就很有趣了。而试验显示狼很难学会同样的技巧，想到这一点就更觉得有趣了。

亚当·米克洛什和布莱恩·黑尔在 20 世纪 90 年代初同时无意中发现了这个反常的事实。黑尔是埃默里大学的一名大学生，和迈克尔·托马塞洛一起在耶基斯国家灵长类动物研究中心工作，迈克尔·托马塞洛在 1994 年刚开始寻找黑猩猩、其他灵长类动物、人类婴儿之间的相同点和不同点。他尝试找出他们脑袋里装着什么样的想法，这是他的研究——人类为何可以进化得独一无二——中的一部分。一天，托马塞洛在论述着黑猩猩不能理解指示，然后黑尔带着19岁青年的莽撞和无知说道："好吧，我认为我的狗可以做到。"

那就是事情的开始。"他问我，'你什么意思？'"黑尔告诉我。"大家都认为他们的狗可以做微积分，你知道吗？然后我说，'这我不知道。但我常和我的狗玩捡东西的游戏，如果没接到，我会给它指出球所在的方向，然后它就会跑到我指的地方去找。'"

托马塞洛对这个主张持怀疑态度，但是科学有办法解决这样的争论。"他说，'好，那么，证明我是错的，'"黑尔说。"'我们做个实验吧。'因此后来我们开始做实验，开始的论文中用到了我的两只宠物狗和我父母的车库。"

黑尔设计了一个比较心理学家称为目标选择的实验——一个"三牌赌一张"的科学版，有两个杯子，其中一个藏着食物，两个杯子闻起来一样，由训练者指出哪个杯子装了食物：对婴儿来说很容易，但对黑猩猩来说几乎不可能。看到狗在游戏中表现出的天赋，大多数狗主人并不感到震惊，但是灵长类动物研究者被震惊了——在大多数情况下，他们对此是怀疑的。狗理应没有能力完成那样的事。很简单，它们没有足够的智力。黑尔最近告诉我："它们不是小孩，好吗？""它们也不会做小孩子会做的事情。它们被严重限制着。但是它们有一个闪光点，它们能理解指示。"

黑尔测试了位于伊普斯威奇的狼洞里部分社会化的狼，发现它们在理解指示上远不如狗。他知道这样的比较不是很公平，但是结果很明确：似乎这是狗有而狼没有的技能。尽管还需要做进一步研究，但我们已经发现似乎狗不仅有一套从狼那里借来的认知和社会技巧，还为这些套上了甜蜜可爱的外衣。而且，它们实际上还发展了新的交流能力。这个实验用科学基础巩固了狗和人之间的亲密关系。

有趣的是，狗异常的能力对我们的近亲具有启示作用。黑猩猩和大猩猩尽管很聪明，但在某些交际方面就不行了。不是它们不懂手势——它们用大量手势。它们顺利地通过了所有的心灵理论测试，而在这些测试中狗经常失败。猩猩们可以辨别它们在看的东西，可以通过自己思考来推断事情；它们会欺骗和伪装，具有所有那些使我们的生活变得有趣的人类品质。

但是说到获得像指示这样有意识的信号时，它们却做不到。当一个黑猩猩或训练者用一个看上去很像指示的手势去拿取奖励时，它们可以确切地理解其中的意思并自己拿到食物。“它们似乎会推断，”托马塞洛和他的搭档写道，“她想为她自己进到桶里，因此，里面一定有什么好东西。”它们可以很好地理解实验者脑中的想法。被人养大的黑猩猩甚至能学会用手指出隐藏的食物，或者指出它们想去的地方。

但是有一个关键的不同点。黑猩猩无法理解的是为什么实验者会愿意主动给它食物而不用自己去争取。没有竞争的元素，这让黑猩猩很困惑。实际上，几年来黑猩猩的自私性一直是灵长类动物研究的主题。竞争，而非合作，是黑猩猩世界的动机，它们自私到了如此的程度以至于科学家们有时简直怀疑为什么它们会被认为是群体性动物。卡明斯基说：“有假说认为，黑猩猩或许有一些必需的认知能力，但是它们缺乏一些动机方面的东西。”“如果它们没有任何好处，那么它们就缺乏动机来告诉其他黑猩猩关于环境的情况。”

相比之下，在一岁时，所有的人类婴儿都能很轻易地理解指示。婴儿自己会形成桶下面有一个玩具的概念，而且不需要非得在别人要来抢走它的情况下才能形成这个概念。他们似乎认为实验者在那儿是为了帮助他们——他们会帮助他，他也会帮助他们。这样的设想使所有之前不可能完成的交流成为可能。托马塞洛总结，人和黑猩猩之间的这个不同点才是根本原因。这不一定是认知缺陷，像如果 A 那么 B，这样一种缺失的演绎能力。事实上黑猩猩非常擅长那个。更多的不同是在它们如何对待其他生物上，在它们有什么样的社会假设上。托马塞洛认为，关键是分享和帮助——人类愿意分享、帮助和被帮助。

狗确实乐于被人类帮助——我想起斯特拉盯着冰箱然后回头看我，但是至少可以说它们不太愿意分享。然而，科学家们却深受感动。托马塞洛告诉我：“虽然这琐碎而且显而易见，但我们不能忽视，那就是狗不会和其他狗一起做这件事，但它们会和我们一起做。”

这个类人的能力运行的心理机制仍然存在着争议。当一个婴儿用手指时，他似乎想把他看到了东西的想法传送到你脑中，而实际上也是这么回事儿。但是狗真的有黑猩猩和人类的思维吗，也就是理解另一个生物头脑中的想法？对一个 12 个月大的婴儿，和一只饥饿的黑猩猩，这是很显然的。一些研究者，比如马克·贝考夫，从犬类研究中灵光一闪：狗也许有很好的理解力，但是以前没有科学家完全相信这是可能的，现在他们仍然不相信。另一方面，行为主义者阵营认为理解指示手势就像狗能完成的大多数事情一样，只不过是联想学习——这样做就会有好事发生，只不过是条件反射而已，而条件反射正是行为主义建立的基础。

2002 年，黑尔和托马塞洛，与哈佛研究员米歇尔·布朗、狼洞的克里斯蒂娜·威廉姆森一起，在《科学》杂志上一篇非常大胆的论文里发表了他们的发现和推断，《科学》是最有声望的美国科学出版物，那篇论文的题目是"狗的社会认知的驯化"。他们写道："狗被选择，让它们拥有了能和人类以独特方式交流的一系列社会认知能力。"他们强调，理解指示不是狗需要学习的东西，那是某种与生俱来的东西，幼犬也可以理解。

论文继续陈述了仍然吸引犬类科学家的问题。他们列出了 3 个不同的假说来解释狗是如何获得这惊人的能力的。一个可能是它们从狼那里简单地继承过来——犬类泛化假说。他们提出，如果这是真的，那么在同样的测试中，狼应该和狗表现得一样好。但是黑尔和他的同事发现尽管狼也许有洞察力，但是它们不能把管理者这个变量考虑进去，因此它们不愿意被帮助。

行为主义者会喜欢的第二个假说是，狗在家养时从它们的早期经验中学到了指示。由此可以推测年幼的狗应该表现不好，但是黑尔和托马塞洛发现并不是这样。如果狗对指示的理解确实不是先天的，而且不需要训练就很快形成了，那么这似乎就是狗的天赋工具包中的一部分。

第三个假说是驯养假说——狗通过进化发展到可以以狼不能的方式对人类的暗示做出反应。黑尔和他的同事写道："个别的狗可以比它们最后的共同狼祖先更灵活地使用社交线索来预测人类行为。"黑尔和他的同事声称，在社交上，狗是天才。它们没有像科萨尼想的那样使能力进化到突然会使用语言，相反的，狗以某种方式进化发展了一种新的、狼没有的、与人类交流的心理机制：在比较认知界被称为读心术。无论如何，通过与人类在一起，狗经历了一个心理成熟期。狗突然像达尔文时代刚过之后一样达到了认知的巅峰。

那篇论文是爆炸性的。黑尔告诉我："当那篇《科学》论文出版时，人们经常在问，'哦，对狗的主人来说这意味着什么？'什么也不意味！"黑尔笑着说。"他们都已经知道了！是科学家被震惊了！"

科学家们非常震惊。他们表现出了只有学者才会有的嫉妒、猜疑和异常挑剔。9 年后一个著名的生态学研究者带着非常吃惊的表情问我："他是怎么知道的？"同时列出一系列方法论错误，他认为应该取消论文资格。实际上，即使是特别喜欢狗的人也怀疑狗会在智力上一跃而超过黑猩猩，虽然以高度受限的方式——斯特拉显然还无法上大学。

在很多方面，驯化假说只是一个开始而非结束，它可能的运行机理还不明确。狗知道人通过指示来跟它们交流吗？没有人愿意想那么多。我们的近亲动物都没有发展的能力，狗是怎样发展的呢？有些人认为尝试窥探动物这些有限的心理是错误的，对这些行为解释得越简单越好。但是黑尔和米克洛什的发现促进了这个领域的发展。即使当他们在努力传播他们的理论时，他们的同行正开始设计实验来证明他们是错误的——但这也正是科学运作的方式。

那篇论文和它带来的关注使刚过 25 岁的黑尔很激动。但是他最好的同事，包括一些著名的灵长类动物学家（有些人几乎是前辈），对此表示怀疑。某天哈佛人类学家理查德·兰厄姆对黑尔说："我不知道为什么它那么重要。"然后黑尔告诉我："我当时犯了个错误，因为我大声地说我认为那篇《科学》上的论文是社交认知适应的第一个证明。"

那是危险的话。兰厄姆说："我不相信你。"还没有社交认知适应方面的证明，尽管这非常困难，但进化人类学界的大部分研究者认为它们应该发生过。

兰厄姆说，为了说服他，黑尔必须对西伯利亚银狐的一个古老家族进行实验。野生狐狸喜欢独居，而且它们非常害怕人类——人们为了毛皮才饲养它们。因此 1959 年，在新西伯利亚附近的一个农场，一个叫迪米特里·别利亚耶夫的科学家开始饲养一组经过挑选的温顺的银狐和一组随便选的银狐。事实证明这是继巴甫洛夫之后最重要的犬类实验。一些狐狸在变得无比温顺的同时，也形成了一整套其他类狗的特质：松软的耳朵，花斑的皮毛，额上的星状白色火焰。一些雌性狐狸甚至每半年发情一次，而不是一年一次——就像从狼进化到狗时发生过的一样。新生儿更早地睁开眼睛并且有一个更长的社会化时期。这个西伯利亚狐研究提出了一个犬科进化的通用机制。挑选温顺的狗——在狗的历史上某个阶段肯定发生过，似乎促进了很多特质的产生，使狗在外表上和行为上与狼产生区别。

对这些狐狸的实验为研究狗的特殊天赋提供了新的视角。尽管黑尔对自己的假说很有信心，但他确定狐狸不会通过关于指示手势的测验，因为它们没有像狗那样一代代地被挑选出具有那些天赋的狗。兰厄姆建议黑尔让学生去，但是黑尔决定自己去。他去西伯利亚待了 6 周，发现别利亚耶夫的狐狸非常温顺，但是有一些问题。“当你把狐狸抱起来的时候，很不幸，它们高兴地撒起了尿！我的意思是，它们只是非常喜欢你，它们只是非常想要你抚摸和抱着它们。这也是一只到现在从来没被人抱过的狐狸。”

西伯利亚狐是个困难的研究主题。不像狗，西伯利亚狐只有在该吃饭的时候才吃，因此黑尔只有很短的时间用藏在杯子里的食物来做实验。因此，他用狐狸似乎很喜欢的各种各样的玩具来调整实验过程，解释了控制组狐狸的羞怯。

黑尔完全相信两组狐狸在目标选择实验中都会失败。他猜测，狗是经过了对社交认知力的特殊挑选的，比如为了理解像指示这样的手势。但是狐狸没有经过改良，因为它们被饲养只是为了让它们温顺。“它们不为解决任何社会问题而被选择，”黑尔说，“只是人类的接近或回避而已，它们为什么要形成新的认知能力呢？”

但是令他惊讶的是，温顺的狐狸在形成了花斑皮毛的同时也似乎发展了在目标选择任务中的技巧——理解人的指示。实验结果显示驯养假说需要大的修改。对黑尔来说，认知适应，这一新的能力的概念还不是很清楚。似乎温顺本身就使狐狸能够用已有的认知技巧来与它们非常喜欢的人类进行互动。这个新的、更简单的构想有很多价值。它解释了复杂的行为如何可以快速地产生——在一代或两代内，和如何从相对简单的变异中产生。它也展现性早熟或许可以改变一个物种的进程，就像狼和狗那样——也许人类也一样。

黑尔对我说："实际上，就狗解决问题的技能——如果它们真的确实比狼更熟练更灵活的话——而言，你看到的仅仅是性格转变的副产品，性格转变是往进攻性的反方向进化的结果。现在，我说得好像这是件坏事似的。其实不是。它完全令人兴奋。这就是我为什么马上接受了结果并且高兴自己错了，因为它真的很酷！"

黑尔跟我说："遗传学上没有比性格改变更容易的改变了。""你改变一点点控制雄性激素如何表达的调控基因或者 5- 羟色胺转运基因，就会得到这种级联效应。很容易！这是很容易的进化技巧，而且你可以得到很大好处。"

这个驯化假说的最新版本提出这样的假设：人类不一定要根据狗在对人类暗号做出反应方面的注意力和技能来挑选它们进行饲养。相反，最温顺的、最不具有攻击性的狗不知怎么的本身就有那些品质。在人类环境中，最不具攻击性的、最友好的，或者至少在人靠近时不会跳起来的狼肯定已经超过了它们在野生环境中的兄弟姐妹。

然后饲养过程开始起作用，在某些情况下边境牧羊犬爱好者会挑选特别聪明和反应灵敏的动物——那些会用自得的低语提示边境牧羊犬爱好者的狗们，或者，后来挑选那些腿短、脸平或眼睛凸出的狗。

狗很有洞察力，黑尔关于温顺的发现可以作为研究黑猩猩的天赋（及其缺少天赋）的重要窗口——由此扩展，对研究人类的天赋也是很重要的。事实证明在这个方面狗要比黑猩猩更像人。为了得到解释，黑尔关注了一些黑猩猩合作的实验。他描述了一个经典合作实验，在实验里两只黑猩猩为了得到奖励必须同时拉一根绳子的两端。但是由于它们的竞争性和攻击性，这些极为聪明的动物都未能成功解决这个问题。在黑猩猩的世界，你不能随意走动。黑猩猩首领会拿走较小的黑猩猩的食物，这样较弱的黑猩猩就没有合作的动机了，结果就是没有一个黑猩猩拿到香蕉。唯一成功解决这个问题的一对黑猩猩是两只面对同样的一盘食物可以毫无担忧地一起吃饭的黑猩猩——最温顺的黑猩猩。

这样的实验表明像人那样的合作的第一步是没有攻击性，也就是温顺。至于指示，黑猩猩要想理解一个人展示出它的食物这件事，它就必须首先关注这个人。它也必须相信那个人会给它食物，会努力帮助它。对于一只狗来说，这种理解几乎是第二天性。一定年龄的婴儿自然而然地好像被设定了程序一般地相信另一个人会帮助他，这是我们人类的本能。

带着人类是如何进化的或者至少什么品质促使他们开始进化的思考，黑尔、托马塞洛和其他同事赞同这个观点——狗在人类环境中进化上的成功和黑猩猩的失败。托马塞洛20年来一大半的时间都一直在致力于一个关于人类交流起源即语言的基础的理论。在他和黑尔收集整理关于狗的研究时，托马塞洛在做关于动物大脑如何可能进化成我们的大脑这一理论的研究。合作和关注是这个理论的核心部分。托马塞洛告诉我，对于狗来说，合作的态度使任务看起来简单些。"因此我们从以认知的方式思考转换到以更加合作的方式思考。"

对合作的新发现也支持了他们关于人类交流是如何进化发展的理论。黑猩猩嚎叫和哼哼时极其有限的词汇量与人类语言之间的鸿沟一直被认为是个谜，是几乎不可跨越的。我们是怎样跨越它的？但是对于托马塞洛来说，手势语言是缺少的一环，或许借此可以解释我们是如何跨越那道鸿沟的。他对狗的研究帮助他建立了前后联系。

基于托马塞洛关于婴儿和动物交流方式的观察和研究，他推断像指示这样的手势是语言的核心，基础的交流行为包括两个个体的脑中同时有同样想法——香蕉！而且每个都知道另一个的想法。这就是托马塞洛称作的"共同意向性"，他的理论认为这是语言的基石。手势很重要，它是一种原始语。狗没有获得共同意向性的智力——卡明斯基强调狗把指示理解成一种命令。但狗似乎有一些必要的技能：反应力、依赖性、乐于信任和被帮助，这些特质能反映出我们自己的天赋。

斯特拉使我了解了人类之谜的最基本的东西——什么使我们不

同于动物，我们如何能成为这样。它甚至曾设法混入由世界上最聪明的动物大脑组成的阵营。不幸的是，它必须在前厅等待——那些看上去更深层的理解实际上更简单些。但是，考虑到它的起点，我觉得它已经走过了漫长的路。

第六章

笨动物

一些科学家对于狗类的进化程度是充满怀疑的。他们争论道，关于狗的新观念只不过是一种伪装成科学的愿望满足。他们认为狗是更简单的生物，根本不像人类，相差也不是一点半点。他们说，狗是令人愉快的动物，在人类世界中拥有一席之地，但这并不代表我们要把它们当作人类来看待。

雷·科平杰说，关于对狗的认知研究的问题“在于人们愿意信任它。他们想给狗一些特殊照顾。而又没人来证明狗类和其他哺乳动物有什么区别”。

七十几岁的科平杰脾气粗暴，身材瘦长，像传说中的坚定不移的新英格兰人。我们坐在他位于马萨诸塞州西部的厨房，这个厨房大部分是由他自己建的。科平杰过去常常赛雪橇狗，他告诉我，他曾经拥有过100多条狗。现在他经常出席一个又一个的会议，他只有一条狗了：一条肥肥的韦纳狗。当我开车到那儿的时候，这条狗过来迎接我，并且迅速滚到地上让我挠它。科平杰和我在吃三明治的时候，它进了厨房，还大声地咳嗽几次。科平杰带着挖苦的语气说：“它进化出了咳嗽的行为来和我交流，告诉我可能出了问题。”

科平杰是世上最棒的养狗人之一，他在20世纪60年代晚期开始从事和狗相关的工作，是此领域的先锋，一个备受爱戴的人物，也是个有点难相处的人。有一次，布莱恩·黑尔在一个会议上与他打招呼，给科平杰一个友好的拥抱。科平杰说："真是奇怪，真不知道你干吗要这样做？" 时过境迁，在他和妻子罗娜合著的书《狗》出版前，人们普遍认为是人类对狗的豢养使狗从狼开始进化。我们今天与狗打交道的方式更像养宠物，牵涉到很多精力、计划，有时还要通过皮带甚至笼子来管教。在科平杰看来，狼的繁衍周期较长，且选择性培育的品质要出现在狗身上需要花费大量时间，更别提早期人类只有四十来年的寿命，所以更新世[1]的饲养者是被逼迫着来引导狗类的繁衍。同时人们还必须控制狼，阻止不被允许的交配，并等待有价值的变异出现，这个变异差不多是地质改变的速度，同时人们还得考虑如何喂饱它们。科平杰把这个人工选择狗进化的模式称作匹诺曹假想，因为这一叫法暗示着心愿的实现。

但是科平杰的洞见在于把这个过程当作新的生态位[2]的结果。他写道："简单起见，我们将把那种生态位叫作垃圾堆。" 根据科平杰的观点，狼最会利用人类，以及利用满世界的人类残存物，和人类共享着残暴的性格。它们比它们的同胞要更不惧怕人类，它们的逃

---

[1] 更新世，地理学名词，是第四纪的一个世，距今约 260 万年至 1 万年，更新世冰川作用活跃。

[2] 生态位，又称小生境、生态区位或生态龛，是一个物种所处的环境以及其本身生活习性的总称。

遁距离更近。这种特质从根本上清除了狼群间的物理障碍——一座山脉或者一片海洋。对人类不很惧怕的狼类互相繁衍，而不是与它们更野性的同胞。根本上说，狗驯养了自己。科平杰的理论很大程度上借鉴了他对别利亚耶夫银狐的知识，也就是说，对一个简单的特点的选择性过程明显由一系列变异实现——松软的耳朵，花斑的外形，以及小一些的头部和嘴——这些是我们现在能与狗联系起来的特点。

在一个丰富的新生态位中，以尽可能快的速度繁衍的动物具有优势，因为它们拥有最多的后代可以进行选择——这意味加快的发情期，如狼群或者狗群中发生的。这种生态位帮助加速狼群中的幼态持续[1]，反过来也帮助产生友好的、多肤色的、我们更愿花时间与之相伴的生物种。这是件幸运的事。

科平杰给出的关于狗类驯服的观点特别吝啬，也不怎么肯定狗。他认为，和狼相比，狗没那么谨慎，也没那么害怕人类——黑尔和他的同事们也同意这一点，但是他有力地怀疑了狗的发展和人类的沟通有关这一观点。实际上，他认为狗类是在其本身进化过程中变笨的。狗也许已经忘记它更小的头，使它能容易到达狭小地方找出可能埋藏在那的一些微薄的营养物。它进化出足够它需要的大脑——大脑消耗很大，仅靠白菜这样的食物是很难维持的。因为狗

[1] 幼态持续，是社会生物学上的一个重要概念，即减缓成熟的过程，指生物后代出生后保留幼年的状态特征，受其父母的“监护”和养育，直至独立谋生或自食其力的成长过程。

不必再打猎，所以它们的一些认知组织可能已经逐渐退化。

所以在这种理论中，狗本质上是娇小、懒惰、轻微迟钝的狼。而且，值得注意的是，现代人狗关系中狗向人类求助来解决它们的问题的那种明显的亲密感很大程度上是缺失的。科平杰曾在墨西哥垃圾堆上看见狗，也在马达加斯加看见狗在街上搜寻，这实质上是原始狗的未曾变化的后代：它们需要人类的垃圾，不需要其他。然而其他人认为人狗关系是相互的，科平杰不这么认为，尤其是首先，他并不认为狗给人类提供了什么好处。狗就像鸽子或老鼠，只是在它们应该在的地方罢了。

科平杰关于狗的起源的理论很大程度上取代了狗世界的宠物驯养理论。它现在基本上是关于狗的起源最被广泛接受的观点。但是尽管它影响了许多科学家的观点，关于这个理论还有很多地方存在分歧。他甚至对社交适应性这样的观点也不屑一顾，他认为人类给狗的主要就是垃圾。他的观点在现代狗世界有一系列推论。科平杰写道，与杂种狗极为不同的乡村狗是原始的狗，“原始的非狼”。随后人们开始把狗当宠物来饲养，可能还会根据狗的能力来进行选择。牧羊犬以及那些群居的狗的天性已经在很多方面都被修正过了——但是他推测，更多情况是，毛色是决定人们饲养的最重要因素。

对于整个阿尔法理论，科平杰一点也不相信。如果你用西泽·米兰的方式把一条乡村狗的后背卷起来，它丝毫不知道你想要干什么。他从与乡村狗相处的经验中发现它们是半独居的，而非群居。狼习惯了野外生活，狗习惯了垃圾堆生活。科平杰远不是一个行为学家，他也摒弃狗做出的行为是为了让人类给它们食物这样的观点。例如，他的雪橇狗并不是因为有人在雪橇前面晃动着牛排才奔跑的。对科平杰来说，行为是已成形的天性，像求爱或者是与人类玩耍，仅仅是因为感觉很好。

科平杰生在波士顿，是个城市孩子。当他的妈妈想再婚并且搬到那个男人乡下的房子时，科平杰要了一条狗作为同意他们结合的条件。他妈妈同意了。这条狗成了他在丛林中搜寻时的伙伴，但是他的继父不允许狗进屋。

他觉得没问题。在 20 世纪 40 年代他童年时生活的波士顿街区里，狗还是相对新奇的。但是战后，随着郊区的迅速扩张和灵犬莱西出现在电视荧幕上，一切迅速改变了。关于纯种狗的神话成为主流，同时古代饲养者认真挑选狗来从事人类工作的故事也传播开来。纯种狗成了身份地位的象征，且其地位不断提高，达到了科平杰认为完全不匹配的地步。这对它们没有好处。他跟我谈及那些被从波多黎各救出来的乡村狗，它们被带到佛罗里达用皮鞭拴住，安放在起居室里。他问道：这对狗来说是怎样的生活？这并不意味着，狗的幸福是科平杰的第一重点。对他来说，狗不值得人类某些形式的关心，它们只是动物。事实上，科平杰对整个提升狗的地位、让人类显得崇高的事业持怀疑态度。他咧嘴笑说：“我有一张保险杆贴纸，我妻子不让我贴在车上，它上面写着‘如果一个人连自己的狗都不能射杀，那这个国家会变成什么样？’”他看着我的脸，想看看我的反应。

追溯到 20 世纪 70 年代，科平杰是为数不多的为了狗的利益（而不是利用它们做实验）而研究狗的科学家之一。没人想资助他的研究，很长一段时间里他在这个领域是孤单的。“如果你试图和狗一起工作，他们会看着你并说‘你为什么不和一只真正的动物工作，转向动物科学吧’。但是动物科学不会告诉你任何关于狗的内容，而兽医学校也不会教你任何关于行为的知识。”如今这个领域里的人越来越多，但是科平杰没有变得更开心，至少没有把开心表现出来。“匈牙利人和布莱恩·黑尔以及其他一些人的问题在于，他们说的那些狗所拥有的特点，连他们自己也无法界定。当我成为一名行为学家的时候，人们教导我说你不能给动物赋予人类的特质，因为你无法测量这些特质。”

科平杰列举了他在黑尔进行的狗、狼以及猩猩的实验中看到的一些问题，他急切地说着，似乎他对这些思考了很多。“猩猩在笼子里，但是狗却在笼子外。狗会与人类打交道，而猩猩你就不得而知了。”

他克制了一下对彼得·彭克莱兹的吠叫研究的斥责。“吠叫可能进化成了与人类沟通的方式，这个观点说得太过了。”他向外指，指着他的院子说，“我可以听见那里有乌鸦而且乌鸦在说‘我猜那儿有一只猫头鹰或老鹰’。吠叫并没有进化到让狗可以与人类进行沟通的程度。”

科平杰的核心使命是大量开展令人振奋的狗类游行。他告诉我：“我知道有狗完成杰出而非典型任务的个例，但是许多爱狗人对狗赋予了超越犬类的能力，让他们的想象影响了他们的观察。”

和科平杰的交谈提醒我，存在一个由研究狗的人，包括一些动物行为学家和人类学家，构成的一个小世界。他认识理查德·兰厄姆，这个人帮助指导了黑尔早期的研究——“我们交情极深。”科平杰实际上是黑尔在哈佛大学博士论文答辩的评判人之一。这些年他曾邀请黑尔和他一起参与狼的研究，但黑尔一直太忙。如今《科学》杂志上的论文和论文的一些反响使得他俩很难再成为亲密的同事，至少从科平杰这边来看是这样。而黑尔那边则不这么认为。“我就像是雷最忠实的粉丝，”他告诉我，“我热爱雷。他实在了不起。”科平杰关于家养的和控制组狐狸之间的体温差距的观点实际上部分地激发了黑尔对驯养假想进行富有成效的修正。两人与一个共同的学生在几年前一起吃过饭。“他以一种非常批判的方式提问，”黑尔说，“而我说，‘雷，我可以接受。’”

和在狗的研究界的其他人一样，雷·科平杰是个道德主义者。他积极倡导在狗的世界中建立合理秩序，部分是基于他对狗的基本天性的科学知识。他坚信，我们应该正确对待动物，而不是我们希望怎样就怎样或者我们幻想怎样就怎样。宠爱它们并把它们当作人类来看待就不对了。我们应该让狗成为它们本应成为的自然的生物种。我们应为它们杰出的身体能力而感到高兴，而不应该试图让它们变成荣誉人类。

通向科平杰办公室的楼梯旁的墙壁上挂着一张1971年新英格兰雪橇狗冠军的海报。他骄傲地说："上一年的获胜者才能把照片印在海报上。"照片上的科平杰是个二十来岁的潇洒小伙子，腮鬓上留着大片络腮胡子，戴着一顶黑帽，他的脸因为狂喜的表情都扭曲了。他非常激动地说："这是最棒的运动。"在他驾驭狗拉雪橇之前，他一直研究蝴蝶，但是一件事引发另一件。他追随着狗，让狗越来越深入他现在的生活。而且他的狗也追求着自己的精彩。没有感情掺杂其中。"我想要的就是赢，"他告诉我，"为了拥有很棒的狗我会做任何事。如果你是一个科学家或者是一个雪橇狗竞赛者，你就不能让感情干扰你。"

他带我出去，走向房子后面的松林。在树林中有科平杰辉煌的年轻时期的"遗迹"，在他还参加雪橇狗比赛时曾在那里养狗。他的狗住在非常不寻常的狗屋里。科平杰在一个坑里堆沙子，然后往里倒上混凝土，制成了一种圆顶建筑结构，圆顶建筑顶部铸造了放狗粮的盘子。它们寂静地被半埋着，里面有一些森林的碎屑，就像探险者在尤卡坦半岛发现的金字塔。在科平杰作为雪橇狗饲养者的黄金时期，他同时拥有50条左右的狗。那该有多么喧闹！这是一座狗的失落之城，一个短期内不会重现的世界。

对于科平杰之外的其他人，真正的问题不是狗有多聪明而是它们有多笨。甚至爱狗之人有时也这样想。我也时不时地受到这种想法的影响，斯特拉明明已经看到门的另一边开了千百次，而它就非要待在有铰链的那一边。几十年来，动物研究的主要推动力——行为学及相关学科，致力于这样的主张：狗及其哺乳类同胞的确头脑简单。这个主张介于推断和假说之间。我们希望将行为降低为一系列的简单规则推动力。黑猩猩以及其他猿类获得通过，但是总体上来说，整个动物认知行为学领域是极其不可信的——尽管它已经发展了 40 年。在行为学家眼里，认知理论家的研究无异于捉鬼。

如今行为学家的数量比 20 世纪 40 年代他们的全盛期时要少得多，但是他们如往常一样热心。在他们看来，驯养假说是主要的刺激，促使人们迸发出一种情感，而这却是科学界在过去 130 年里想从实验室中排除的情感。

黑尔和他的团队的另一个聪明而有力的反对者是佛罗里达大学的研究者克莱夫·韦恩。韦恩在爱丁堡研究鸽子并获得博士学位。之后他在澳大利亚研究有袋动物。他于 2002 年来到佛罗里达大学。厌倦了鸽子并想寻找“更吸引人的东西进行研究”，他建立了一个狗类实验室，而同年黑尔和托马塞洛在《科学》上发表了他们的论文。自那以后，韦恩就开始挑战他们的研究。“我对布莱恩·黑尔和布达佩斯团队的工作如此怀疑，想必人们会认为我一定带着消极的偏见，但是我的怀疑来自我们所做的研究。”

狗以一定的方法学习特殊的技能是为了获得社交认可，揭穿这一观点成了他工作的重点。对一个行为学家来说，这等于是树起了一面大红旗，他热心地从事这件事。“布莱恩·黑尔和他的团队认为狗在成为驯养动物的这段时间内培养出了特别的读心技能，”他告诉我，“他们认为狗有这种特殊能力，一种独一无二的能力，来理解人所做的事。我不否认狗和狼是不一样的。我丝毫不否认你家里养的宠物狗对主人拥有异乎寻常的敏感，这种敏感在任何其他动物上都不容易发现。但是我认为这两者间没有太大关系。我不认为狗是在驯养的过程中获得了特殊的脑力。”

韦恩引用了 1935 年洛伦兹关于幼鹅的研究——这些幼鹅认为洛伦兹是它们的妈妈，一直跟在他身边，这是所有动物行为学的研究基础。韦恩告诉我，狗对人类不寻常的反应根本上是类似于幼鹅对妈妈的定位。“狗首先要做的事情，”他说，“就是牢记人类。”在他的推断中，狗和狼的关键不同点是狗有长时间幼态持续的社交时期，这使它们能以狼所不具有的方式和人类产生联结。“想要在相对较短的时期内让狼幼崽回答这个生命中永久性的问题‘谁跟我是一类’，你想让它知道人类是正当的社交伙伴，你就必须最大限度地让狼幼崽和人类接触。”一旦狗在牢记人类，相关的学习便会开始。这一点毫无疑问。狗对人类的依恋本质上是学习指引下的本能。“狗通过学习将你的行为和与它相关的事物联系起来。”

宠物狗会对它的主人特别注意并且学习使用指示类的线索，这一概念对韦恩来说是完全不出意料。“狗在你的家里，”他说，“狗整个生命都依靠着你。除了看着你，它没别的事可做。你提供了一切它所需要的重要东西。这是一种基本的、简单的学习形式。”和老鼠或者鸽子压杆取食物并没有差别。在他看来，黑尔和米克洛什一系列的关于犬科的科学研究像是被浪费的努力。

比较心理学家把思维看作是由一整套特定的模块组成的工具箱，其中有一些相当复杂和特殊，由特殊的方式整合在一起。相对而言，像韦恩这样的行为学家更是把思维当成一个乐高玩具套装。他们的目标是把复杂的行为像乐高积木一样分解，来看它们是如何连接的，最终化解成一堆单纯的块。“我认为科学的本质是把看似复杂的事物分析为更简单的组成部分，”他告诉我，“以动物遵循人的指令这样的行为为例，我认为它可以拆开，于是你可以明白这是一种基本的联想训练形式。”

这两个团队来来回回对抗了几年，在一系列广泛的问题上展开批评、回应以及对回应进行的回应。在我读着这些论文时，看着他们一系列让人眼花缭乱的变量和对数据的轮流解释，不禁觉得科学看起来真是难以捉摸。

韦恩和他年轻的同事莫尼克·尤代尔一起写的论文有时似乎有责骂的口吻：狗不是人，你们这些愚蠢的科学家。“人类和狗身体的许多部分看起来就不一样。人类没有尾巴，脖子后面也没有大量毛发，耳朵的位置也不一样。狗不会用前脚发出信号，也不会使用语义学上的声音语言。”

此外，这些现象有完美的可供使用的解释，这些解释是 20 世纪的科学家花了多年时间证明的，现在却被不断涌现的感伤主义者所摒弃。在 21 世纪的第二个十年里要当一个行为学家尤其不容易。即使是韦恩在声称斯金纳是先辈时也显得怯懦。韦恩强调了他对尼克·廷伯根，这个现今认可的（与洛伦兹一起）动物行为学之父知识上的忠诚。

在准备与韦恩的谈话时，我偶然看见一篇他反对在动物研究中使用进化假说的论文。我觉得这很令人费解。这不是让他成了一个创世论者？难道不是每个有自尊心的科学家都信奉达尔文吗？当我问韦恩时，他急忙向我保证他没有贬低达尔文。更确切地说，他坚信那些推测不可避免地扭曲了科学家们正在分析的内容，让他们看到汹涌的神秘主义，比如通过与我们自己的大脑类比而得到的意识和超强的心智工具，其实真正发生的事很简单。“好了，人类拥有这种特殊的心理本能，”他还模仿着他有力的反对者，“让我们一起去看看我们最近的亲属是不是拥有，然后遵从这种自然的历史。”这对我来说实在幼稚。

在韦恩看来，隐藏在这种天真之下的是神人同形同性论，以人类的能力为起点再追溯的一种趋势。像韦恩这样的科学家认为神人同形同性论是假想而不实际的，不比隐喻强到哪儿去。“对我来说，这不科学，”他告诉我，“这仅仅是一种外行的理解。”而且至少一个世纪以来，科学的首要指令之一就是严格去除任何外行理解的暗示，以免它们干扰实验室的研究发现。

20 世纪 40 年代时，亚特兰大耶基斯国家重点研究中心花了两年记录黑猩猩的活动和行为，而不求助于神人同形同性论[1]，客观地对它们进行描述。从根本上说他们获得的是象形文字，“几乎是无止境的特殊行为，找不到任何秩序或含义。”心理学家唐纳德·赫布在 1946 年一篇著名的关于黑猩猩情感的论文中写道。同时，黑猩猩的照看者也都顺其自然，像肥皂剧一样描述行为：比巴很友善但是性急；帕媞讨厌男人（本不应该如此，因此它大部分时间被关在笼子里）。神人同形同性论、概念语言和各种不可证明的唯心主义、我与斯特拉使用的语言，这些可以提供一种罗塞塔石碑[2]。“通过坦然地使用情感和态度的神人同形同性论的概念，”赫布写道，“人可以很快很简单地描述动物的特性。”行为学有它的用处，关于动物也有很多种思考方式，但是不管它作为一种科研工具有何种缺点，神人同形同性论总是行得通。

---

[1] 神人同形同性论（anthropomorphism）是指人们认为其他生命体或者类生物体都具有人类的情感，甚至具有自己的性格特质的一种观点。

[2] 罗塞塔石碑，该石碑制作于公元前 196 年，刻有埃及国王托勒密五世诏书，刻有希腊文、古埃及文和当时的通俗体文字 3 个版本。

第七章

达尔文的缪斯

事实表明，在对斯特拉各种各样的行为动机和家人感情的归因中，我同一位前辈大相径庭。对查尔斯·达尔文来说，这种神人同形同性论的观点如同我们的呼吸一样自然。他对他养的狗进行了细致的观察，这在他的工作中起到了相当重要的作用。虽然达尔文对加拉帕戈斯群岛的雀类的研究已经吸引了人们大部分的注意力，但是狗类同样也在达尔文的科学事业中扮演了重要角色。在诸如布莱恩·黑尔、迈克尔·托马塞洛和朱莉安·卡明斯基等科学家，以及在他们之前的珍·古道尔的著作中，都表现出对达尔文这种研究方法的回归。这种看似随意的神人同形同性论观点一直未得到人们的认同，但是狗与人类生活具有不可思议的联系这一观点，则是我们直接从达尔文那学到的。

达尔文在国内生活的时间里，从童年到暮年，狗一直是不可替代的存在。他的姐妹们常取笑他偏爱狗更甚于人类。他溺爱狗，为狗动感情，视狗为家庭成员。当他还是个爱做梦、爱分心的少年时，当他刚开始对自然世界展开大胆地猜测时，它同时是人类和自然的造物，狗总是存在于图景中。在他的最初的旅行中狗都是他的伴侣。无论是穿过田野，在山区附近的狩猎俱乐部里，还是在位于英国中部的施乐勃利的家族庄园中，达尔文痴迷于狩猎，常将猎来的鸟用绳子穿在一起，以便于计数。

达尔文的父亲为此感到担心，便把他从预备学校送到爱丁堡大学去学习药学，想借此打破他的沉迷，但他的姐妹们仍定期向他汇报狗的近况。达尔文不在家时，他姐姐苏珊写道："家里的狗看起来很忧郁，对于任何人对它的关注，它都会表现得非常感激。希拉夫人（狗名）主动向我屈尊示好的次数远多于你在家的时候。它每天会去镇上遛遛弯，讨好似的求我将苹果丢下河岸让它再捡回来，除此之外它就没有什么运动了。"

可怜的小火花，曾经是达尔文的最爱，它是一只黑白相间、生性活泼的小狗。达尔文叫它"小黑鼻头"。但达尔文一走，家人便将火花送到达尔文的大姐玛丽安位于奥沃顿的家中。他妹妹在信中告诉了他这个重大消息："我现在要告诉你件事，恐怕这消息会让你很受打击：你最喜欢的孩子火花被送到奥沃顿了。至少到明年夏天你回家前，火花都会成为她家的看门狗……恐怕你会对这个消息非常震惊。"

另一封信几乎与这封信同时到达达尔文那里。玛丽安·帕克在1826年1月写给他的信中说，火花已经失踪两周。最后他们在邻居的房子里发现了她，而她已经怀孕，随后却因难产而死了。帕克写道："你不能想象我们有多难过，家里每个人都喜欢她，她是一只多好的小狗啊！"

在爱丁堡，达尔文对学习并不上心，他父亲又把他从学校揪出来，严厉批评他："除了打猎、养狗、抓老鼠，你什么都不关心。你这样会给自己和整个家族蒙羞的。"在他父亲看来他所做的那些事是在荒废时光，可那却是达尔文收集数据的开始。从狩猎中，他养成敏锐的观察习惯，他漫步过的田野为研究他最喜欢的猎鸟提供了无尽的资源。现在他又越来越多地将这些技能转用作其他目的。他的朋友，也是他的二表兄，威廉·福克斯带他进入昆虫学领域，而他的狗，不仅是他猎鸟时的好帮手，也聚焦了他青年时代的许多想象。

19世纪20年代，达尔文刚刚成年，那时英国人对狗的狂热达到了顶峰。狗被视为礼仪的象征，喜欢狗是绅士的标志之一。英国狗类的道德品格——忠诚，无私，服务——都被视为崇高行为，是其他动物所无法比拟的（马仅次于狗），人们甚至认为狗类优于其他任何物种。英国狗的优良品质也如同英国绅士们的美德一样，反映出英国文化普遍的文明影响。

1808年，拜伦勋爵的纽芬兰犬"水手长"死于狂犬病，他写下如下诗句，足见他对狗的狂热：

"他"拥有美丽而毫不虚荣，
拥有力量而从不傲慢，
拥有勇气而不施暴行，
拥有人的美德而没有人的瑕疵。

达尔文从1831年到1836年在比格尔号上旅居的日子，标志着他从孩童成长为一位科学家。他的狗类朋友在他的新生活中所占比重也更大了。他刚完成5年航行归来所做的首要事情之一便是在他的一只狗身上展开实验。“我有一只狗，它对所有陌生人野蛮地狂吠，”他在《人类的由来》中写道，“在离开五年零两天后，我故意试试它是否还记得我。我靠近它住的窝棚，用我以前的方式喊它。它没表现出兴奋，但是立即从窝里爬出来，听从我，就好像我只离开了半小时。”

达尔文有个方法，就是回应所有那些寻找新信息来证明或反对他的观点的人。他并不完全相信很多通信者所说的事，但是他或多或少不带批判地接纳了这些观点。但是像狗是有道德的生物且具有和人一样的很多重要品质这样的观点，他却一直持有。这变成了一种通用的暗喻，在他的信件中也有所体现。“我亲爱的福克斯，”他给那位昆虫学家写道，“我一直是只疏忽大意的狗。”

达尔文是个聪明的杂食者，所以他并没有用他的余生来检验他的科学猜测。在他荒谬可笑的实验室里可以找到皮肤、骨头，还有从别处飞来的黑雁，温室中的兰花，或是菜园里的虫。那是一间怎样的屋子啊！但是狗一直是他身旁最亲近的动物，也是他研究得最细致的动物。“我几乎可以确信，我在某处有个中国狗的脑袋，”达尔文给他的一个朋友写信，“你想要吗？要是想的话（假如我能找到它），我是应该直接送给你还是把它留在伦敦的某个地方呢？”达尔文出于热情，主动提出更多看似更离奇、更不可能实现的提议和帮助。“我有一只德国狐狸犬，绝对纯种。要是它死了，我把它的尸体送给你怎么样？但是它现在还很年轻，它可能还能活很长时间……”

达尔文名为M和N的笔记本，主要记录于19世纪30年代，其中包含了他对人类的动物起源富有远见的大胆猜测，这些猜测后来也构成了他《人类的由来》中的基本观点，而狗也在其中扮演中心角色。他一直在寻找人与狗的相似之处，“我见过一只狗在做它不应做的事，它看起来很羞愧，”他用一贯持有的观点写道，“小爆竹一上桌子就会流露出羞耻感，出卖它自己的正是内疚感。也许小爆竹的例子就有些说服力。”

达尔文相信狗具有和人相类似的所有感情。“狗觉得快乐时会笑，”他在笔记中写道，“同样，狗吠叫（不是狂吠）时会张开嘴露出牙齿，和你顽皮地嬉闹，那就是在微笑。”当他的狗“妮娜”被人从施乐勃利带走时，它日渐消瘦，回家之后又重拾健康。他对此感到惊异地写道：“它对一个地方竟如此热爱，像人类的感情一样强烈。”

达尔文也觉得，因为有了狗类朋友，他感到更加舒适与惬意。达尔文有一份约翰·艾波克朗比1838年写的《对智力的探究和真相的调查》，达尔文还曾在这份论文复印件旁边的空白处写道，通过用类推的方法论证，对狗来说帽子意味着散步。

虽然他对狗过分关注，但当他做严肃研究时，却会把对狗的溺爱搁在一边。这是一个科学观测的对象，要实事求是地对待。关于狗，达尔文曾与他的地质学家朋友查尔斯·莱伊尔展开过漫长而多角度的讨论。查尔斯·莱伊尔在著作中曾阐述过地球的年龄，激发了达尔文的理论灵感。“冒昧地提出一点小小的评论，我不太同意你的说法——17 页中写到动物是由自私的动机所驱使——你看看它们的母性本能，还有它们的社交本能，犬类毫不自私！”他这样回应莱伊尔书中的观点。“对我来说，这一点很清楚，动物们有社交本能，而我们有良知：我真的认为这两者几乎等同。”

他不仅认为狗和人类有很多相似之处，甚至还认为人和狗在进化层面上也一致。进化确实起到了一定作用。“狗的道德心与人的不同，”他在笔记中写道，“这是因为它们的原始本能不同。”但是在表象下，达尔文却发现巨大的相同性：进化让人和狗都发展出群居生活的习惯，并让两者可以一起生活。

达尔文甚至暗示，关于人们对于财产的热情，也许可以从狗对骨头的热情中窥见其起源。“关于自由意志，”他写道，“看见一只幼犬玩耍就知道它具有自由意志。从某种程度上看，这种自由意志是针对心智来说的。”他认为狗会做梦，会重现过去的记忆——它们知道什么是过去，这就意味着它们有时间感。

人们对狗的驯化使狗急速发展。“狗获得道德品质、关爱和信任，智力也提高了，”而狼和豺极少吠叫，狗则发展出大量发声技能。他在信中写道，“还有一个更显著的事实，狗自被驯化以来，已经学会四至五种有区别的声调，”他在《人类的由来》中写道，这种暗示并没有直接表明狗已学会了交流。他接着写道：“被驯化后，它们在奔跑追逐中的吠叫表示急切感；咆哮时的吠叫表示绝望；与主人一起散步时的吠叫表示高兴；还有表示生气的吠叫；很明显的表示乞求的吠叫，通常被它们用在等待主人开门或开窗时。”

这些猜想，包括神人同形同性论对内在情绪的描述，令行为学家抓狂。达尔文怎么能对这些事情如此确信无疑呢？他没用其他方法或词汇来表示他的观察结果，也确实没有违反任何科学传统。虽然他一从加拉帕戈斯群岛返回就开始整理他的观点和思路，但是这些观点却并没有被写进《物种起源》，因为关于人和动物的关系这一话题实在太具争议性，同时也为了显示他并不想挑战英国国教的权威。

究竟什么才是人类的近亲，达尔文心里清楚。他在一本笔记中写道：“对于形而上学，狒狒可能比洛克[1]所做的还要多。”但是随着帝国的兴起，英国人对非洲和北美的大猩猩越来越熟悉，这却使进化成了难以理解的主题。在伦敦，人们夸赞大猩猩很聪明，有时会让大猩猩穿上人类的衣服，有时让它们使用刀叉（但它们并不适应寒冷的气候，通常一两个季节之后就死去了）。但是人类可能与这些未开化的物种有亲缘关系，这观点还是让上流人士震惊不已，这甚至比与火地岛[2]土著或者霍屯督人[3]有亲缘关系还要糟。

---

[1]洛克，指约翰·洛克，英国哲学家，其思想对后代政治哲学的发展产生巨大影响，并被广泛视为启蒙时代最具影响力的思想家和自由主义者。

[2]火地岛，位于南美洲最南端，1520年10月由航海家麦哲伦发现并命名。人口稀少，原为印第安人奥那族等的居住地。1832—1836年，英国生物学家达尔文考察了火地岛，自此该岛名声大振。

[3]霍屯督人，即科伊科伊人，非洲西北部的本土人，从5世纪起在非洲生活。当时欧洲人将他们称作发音类似当地科伊桑诸语言的霍屯督人，但这一称谓在今天被认为含有贬义。

达尔文最终将他的观点阐发于《人类的由来》和《人和动物的情感表达》这两本书中，狗绝对是他的重要同盟。他的读者不能接受人和猿类有共同血统的观点，毕竟还是狗听上去更舒服。对于维多利亚时代的人来说，包括我们也一样，常把狗和家、灶台联系起来，还把狗视为缓解城市紧张关系的良药。“比起环尾猴，我更情愿把狗视为我的祖先。不管怎样，狗与我们有更多联系，更多感觉，与我们的很多体力劳动者一样，都有很多美德。”经常与达尔文通信的约翰·布罗迪－莫尼斯这样写道。

“我从未在任何一个类人猿部落里发现任何与人类相同的特质，”美国多产的神创论者奥莱斯特·布朗森写道，以此来猛烈抨击达尔文的《物种起源》，“狗在道德品质方面远远超过猴子，它们喜欢同主人一起，也忠实于主人，如果被善待，马也是一样。”然而狗并没有让布朗森获取胜利，他的想法或许达尔文的听众能理解。

在所有达尔文的著作中，狗都以最令人惊异的形象出现。他能把一个最普通的场景，引入最深刻的问题中，这其中的飞跃真令人叹为观止。“我的一只狗，已成年，也很理性。有一天天气炎热，它躺在草坪上。不远处，微风偶尔会吹动一把张开的大阳伞，这本不该被我的狗注意到。每次阳伞被稍稍移动，狗都会凶狠地低声吠叫。我想，它潜意识里肯定迅速形成了一种推理：是某种奇怪生物的出现引发了这种找不到原因的运动，但任何陌生人都无权出现在它的领地上。”

然后他更进一步，“相信灵魂的存在可以轻易转化成信仰一个或者多个神灵”。这跳跃性让人头晕目眩——从一只狗躺在草坪上，突然对阳伞低声吠叫，就联想到上帝。狗不可能看见了上帝，但是，慢慢地对光线敏感的细胞变成眼睛，手臂变成翅膀，很多荒谬的说法都从这里开始发芽。太阳伞下的活物为进化论建立了一个理论支持。狗没有看见上帝，但是它确实看见了一些东西。在未来的几代人中，他们也许会发现那到底是什么，并对其细致研究，进化活动的推动力可能是完全不同的东西。在达尔文的眼里，那只狗与人类的经历并不相同，但现在却殊途同归。草坪上的狗也“说”出了达尔文的观点和方法：在一个梦幻般的下午，一道光线闪过，让他灵光乍现。这就是这位绅士的研究方式，但并不是所有科学家都以这种方法探究科学。

在达尔文的时代，狗被认为是智力和道德修养最高，且不会堕落的动物。由达尔文本人甄选的弟子和继承人，年轻的加拿大进化论学家乔治·约翰·罗曼斯开始将达尔文松散的构想系统化和量化。在他 19 世纪 80 年代写成的书《动物智力及其心理演进》中，有一章（附录）是专门写智力进化的，他还打算将这章写进《物种起源》，但是后来又将其删掉了。这些书中包含动物的各种故事，非常精彩。他的书还强化了维多利亚时代的人心目中狗的偶像地位，无论是谈及它们的优点还是缺点。罗曼斯将一些引人注目的见解引入导师的理论中。他是最早认识到达尔文其实并没有完全理解物种间的差异性的人之一，然而这一问题至今仍没有被破解。

在关于动物智力的讨论中，罗曼斯的角色具有更大的不确定性。罗曼斯实践了达尔文的科学方法，即回应所有寻找新信息来证明或反对其观点的人。但是这方法需要达尔文这样的天才来操作。达尔文只在作品中适度地运用狗的各种逸事趣闻，可罗曼斯的《动物智力》一书却充斥这些内容，简直像维多利亚时期的宠物要略。奥克尼的一位雷博士称，有一种狗会计算潮汐——波西瓦尔·福瑟吉尔先生优秀的天才寻猎犬就拥有这种能力。另一位通信人将尼禄描述成“挪威出生的高智商动物”，它甚至能乘火车往返于主人的庄园。“要是尼禄不会用抽象推理，”它的主人写道，“那这个术语也都没意义了。”

罗曼斯相信狗不一定是最聪明的动物：“在理性思维能力上，猴子超过其他动物。”某些像开门栓这样的小把戏，猫甚至都比狗强。而狗类则比其他物种强在感情丰富而多样。“相比于其他动物，狗的情感生活高度发展。”他写道（来自英属印度的大象仅次于狗类）。狗有自豪感、尊严感、正义感，自尊而懂得妒忌。（奇怪的是，他归纳了这么多狗的认知能力，却没提内疚感。）他认为，仅需提供一两个例子就能证明狗具有以上明显的品质。罗曼斯还观察到了狗具有的，他称作“滑稽的感情”的能力，印证了达尔文在《人类的由来》中写到的狗具有幽默感。

对于喜欢狗的人，罗曼斯的《动物的智力》无疑是一本令人愉快的读物。它使我想到席萨妮所写的《假如狗能说话》，书中谈的狗很聪明，能用创新的方式解决难题，它们懂得如何吸引人们的注意。人们甚至可以不读他写的这些逸闻趣事，就可以有所理解。即使是斯特拉这样的不太懂得推理的动物，在穿过溪流时，看起来偶尔也能感知水流。但是达尔文明白，这些终究是故事，远远不是科学。罗曼斯并不是要挑战正统思维，他的著作只是在向他的同行们展示：他的狗真的非常聪明。罗曼斯相信只有在适当的文明条件下，狗拥有这些感情的观点才能被人们所信服，这也正好满足英国上流阶级的虚荣心。

在准备他的书时，罗曼斯的科学方法正趋于成熟。这个项目的目的不只在于使公众信服，而更是要证明他的正确性。在1895年《物种起源》出版的十几年后，进化论被广泛接受，但是关于动物智力潜在的复杂体系并没有得到稳固的科学支撑。

C. 劳埃德·摩根，一位矿物化学家和心理学家，是第一个揭示进化论对于动物智商的分析是多么经不起推敲的人。他所写的书《动物生活和智力》出版于1891年，在其中，摩根礼貌地表达了他对罗曼斯的观点不敢恭维。从文化角度来说，劳埃德·摩根应该与达尔文和罗曼斯属于同一阵营，他的书温和地吸收了他们的理念而又惊人地创造了一门新科学。他调查了狗的行为的诸多复杂性，并用罗曼斯自己的观点去驳斥他。虽然他的书中充满对罗曼斯具有深刻的洞察力的溢美之词，但经过仔细阅读和重新阐释，我们发现他实质上却与罗曼斯的观点相悖。他写道：“无疑这些品质确实大量存在于他的构想中。但是我的质疑是，他太执着于他头脑中的想法而没弄明白狗是否真的具有这些品质。”狗具有这些精神品质的证据在哪里？他很疑惑。

摩根表现出的更多是怀疑而不是否定。他小心地寻找着新证据存在的可能性来打消他的疑虑。但他仍对罗曼斯的阐释有所质疑，比如，狗会开门栓。罗曼斯写道：“只要小狐狸犬想外出，都会用脑袋或背抬起门栓来开门。”很聪明吧，你说呢？摩根不这样觉得。从门里往外看时，狗碰巧会撞到门闩，然后转眼间它就自由了：它开门靠的是运气，而它根本不知道到底怎么开门。“在这个例子中，门闩无疑是被偶然撞开的，这个小把戏后来变成习惯，依靠运气而反复愉快地逃脱，这样相同的场景就反复上演。”摩根的分析与达尔文的观点有惊人的相似之处——偶然发生的事情被积极的结果所反复强化而发生，然后逐渐发展成大量复杂的行为。但是在其他方面，摩根转向与达尔文和罗曼斯相异的方向，他认为动物不存在感情。

摩根最持久的贡献不在于他的洞察力，而在于他提供的准则，这个准则虽不能被称为“摩根准则”，仍对生命科学的研究影响巨大。他写道：“如果可以用更低级的心理学进化和发展过程去阐释的话，动物活动绝不应该用更高级的心理学过程来阐释。”换句话说，我们不能用复杂的心理过程解释动物行为，即使有时它们的行为确实看起来有这种倾向。摩根还告诫人们注意达尔文和罗曼斯的神人同形同性论，对于普通的爱狗人显而易见的事也许并不是真的：“如果仅依据人们所熟知的那些狗趣闻，我们就判定狗知道嫉妒和羡慕，懂得竞争、骄傲、憎恨、残忍、欺骗和其他复杂的感情状态，这也是不科学的。我们必须记住，正如我们所知，这些感情都是属于人的感情。”

在摩根之后，实验室变成了研究动物行为的地方。（一些古怪的英国人在凌晨起床，忍受着英国恶劣的天气去观察鸟类。但是他们毕竟是个例。现代动物行为学是那之后过了 40 多年才真正开始被人们提出的。）爱狗之人所珍爱的狗趣闻已经对动物行为学做出了很多的贡献。科学家都是专业人士，继摩根之后他们都开始反对达尔文视之为理所当然的感情用事。在实验室中，狗不再是神奇而八面玲珑的社交动物，它们更像是和鸽子或老鼠一样的另一种动物而已。狗在实验室和在家中的生活区别很大，在一个世纪左右的时间内可能都会是这种状态。因此，科学也变得更纯粹，但是因为科学极其苛求，它研究动物的视角变得不再完整。

维多利亚时期对于动物智力的观点最终被爱德华·桑代克的动物智力训练箱（用细铁丝和废木材用锤子粗糙地钉在一起的木箱）所扼杀。退一步说，桑代克是个严苛的人。他父亲是一名卫理公会传教牧师，而爱德华似乎并没有遗传到他父亲的宗教理念，那就是严格的道德主义永远是对的。摩根在哈佛大学的一次讲座激起桑代克越来越浓厚的研究兴趣。他根本不是动物爱好者，至少进入这个领域的原因，他写道："因为我认为我能比现有的研究成果做得更多。"虽然他同意摩根的分析，但他认为摩根做的还远远不够。他在反对罗曼斯的观点时也远远没有摩根那样礼貌。他的研究始于19世纪的最后几年，从鸡开始研究，后来又转向猫，然后又转到狗。为了让实验动物保持积极，他让它们处在"极度饥饿"中，后来他对这一点感到后悔。

桑代克最初假设动物是通过模仿来学习的，但是他吃惊地发现，当一只狗看见另一只狗做一个动作而得到了它想要的奖励时，这对第一只狗并没有很大影响。狗经过反复摸索和失败，学得很慢，这和摩根已发现的一样。一段时间后，他渐渐发现狗的智力比他原来预想的还要低。桑代克知道他在向权威集团投放炸弹，但是他很高兴这样做。他将罗曼斯和他的同事们视为"逸闻派"，并且他对动物心理学竟然建立在这样的科学发现上表示十分不屑，那"就像收集硬币的怪人创立了解剖学一样"。他说罗曼斯和他的同事们"寻找高智商和独特者而忽视了愚蠢和正常者"。

他对狗拥有的社交礼仪毫不在意，尽管这曾被达尔文和所有维多利亚时期的人高度赞扬，甚至连摩根也会奉承几句。动物们不是笛卡尔的机器，它们缺少意识，只是简单的生物而已。对于桑代克来说，测量方法变成他的宗教信条——那些不能测量的，或者是很难测量的，都不可能真实。

虽然他对动物智力表示轻蔑，他关于动物精神生活的猜想却奇怪地充满了联想和诗意。“比如说，有时一只动物在游泳时感受到了动物意识。它感受到水，天空，头顶的鸟，它只是看到它们，并没有想到过去何时曾这样看着它们，或者对它们的美丽产生任何审美。它自然而然地发出动作，它能感觉这些动作，它能感觉到它的身体。自我意识消失了。社会意识消失了。意义、价值、事物之间的联系都消失了。它有印象，有脉搏，能感觉到运动。就这些。”这种冥想听起来很有趣——也许是暗淡的，未成形的，但也不是不愉快。动物的头脑有点像吸毒后的幻想，他大概希望被他关在笼子里的饥饿动物有如此感受。

当桑代克在制作动物智力训练箱时，伊万·彼得罗维奇·巴甫洛夫，一个住在莫斯科郊外穷乡僻壤的牧师的儿子，开始研究“精神性分泌”。在研究了狗的消化系统十几年后，他已是人到中年。他本人守时、自律、禁欲到近乎疯狂的地步，却出人意料地热心助人。

在他最著名的实验中，巴甫洛夫用手术分离了动物唾液腺，这样动物在受到不同刺激之后，唾液分泌就可以被测量出来。巴甫洛夫快乐和痛苦的神庙——食物、电击和用外科手术制造瘘管收集的胃液，通过响铃、节拍器和音叉发出的声音来使它们运动，尽是囚禁和完全操纵动物的恶劣画面。（实验室那时通过卖狗的胃液来赚得一些经费。奇怪的是，狗的胃液竟然是当时莫斯科人疯狂推崇的滋补品。）

当时的想法是科学家能简化狗的心智法则。而要是他们能进入狗的精神世界，人的精神世界还会远吗？正是巴甫洛夫和他的学生们开始反复使用“自由本能”这样的词语，使得我们最出奇的想象沦为受制于科学和政治焦虑的小机制。

事实上，巴甫洛夫虽然古怪，却绝不是一个怪物。他的实验室本身像是一个集体主义者的实验基地，这里成果共享的程度远高于任何一个同行的实验室。在之后的职业生涯中他变得声名远播，甚至连斯大林都要同他一起吃饭。许多科学家对实验动物的痛苦漠不关心，可巴甫洛夫从不让这些动物受苦，即使在手术之后也让它们能恢复正常——一部分也是为自己考虑。（他觉得活体解剖导致动物死亡可能使实验结果变得失真，而且他讨厌看到血腥场面。）他在最先进的实验室中实施手术，而且这个手术室是第一个仅为动物做手术的实验室，他还为动物进行麻醉。有大量的狗在他的手术台上死亡，但那些活下来的被命名、被照顾，被尽可能地好好对待，就像他的家庭成员一样。一些狗甚至还会出现在欢乐的集体照中，尽管它们术后可能落下残疾，但它们还是眼睛明亮，充满渴望。巴甫洛夫合理操作与狗有关的工作，他说：“从史前时期，狗就是人类的好帮手。它们为人类的科学事业奉献自己，但是在这过程中理应被免除不必要的痛苦。”

桑代克和巴甫洛夫的观点都非常有力，瓦解了先前的“真理”，澄清了问题，简化了一切。他们封闭了回路，略去唯心主义的混沌，给予科学一些可以测量的标准。巴甫洛夫的实验（视觉刺激神经分泌唾液）提供了动物精神作用机理的强有力证明：这种视觉到的唾液联动不必被阐释为是由动物思维造成的。从这个角度来看，狗的精神世界，只是一种机能，而我们每天幻想的神人同形同性论——斯特拉想要什么，斯特拉很悲伤，确实只是猜测而已。在达尔文死后的数十年里，他对于动物思维的观点似乎消失得无影无踪。但这也只是一个幻觉。

第八章

回归理智

号称动物没有智力，意味着让人类位于高高的王座：我们有智力，而动物没有。但斯金纳野心远大，他梦想成为另一个达尔文，梦想着用一个简单而超级强大的原理去解释动物行为。他将桑代克和巴甫洛夫所描述的简单体系扩展成复杂行为的链条，来看动物如何表现。而且他并没止步于桑代克和摩根所做的研究，即让动物待在原地而让人类拥有不言而喻的伟大世界。他还想从人类世界中废除唯心主义。人类有如此多的痛苦、神经症和复杂性，如果能被简化为它的基础构成材料并重组，那将是多大的进步！良好的社会将会成为训练有素的社会，在这个社会中人们想要的行为被强化而不想要的行为大部分被忽略。斯金纳认为惩罚作为一种对不受人欢迎的行为的回应，会带来很多反馈。主体，不管是人还是动物，往往着重去避免惩罚而非避免引起惩罚的行为。（在斯金纳的科学思想的主导地位结束很久之后，他对在加州公立学校废除体罚的工作仍起到了一定作用。）

跟他自创的科学词汇和大批新奇的设备（尤其是斯金纳盒子）一样，斯金纳是个令人畏惧而充满魅力的人，一个似乎掌握着世界未来的怪人。所有事情对他来说似乎都是那么容易。斯金纳的领悟是，我们赋予了自己人格，想象着自己是人类，事实上我们只是一系列的联结而已。如果从迷思中解放自我，我们就能获得满足和完美。已经从低等动物中被移除的唯心主义，现在也将被从我们的头脑中移除，被一种更洁净、更有序而不那么神秘的体系所取代。

在其 1957 年出版的《语言行为》一书中，斯金纳试图减少语言的复杂性，使之成为一系列有条件的回应，这一行为与他曾做过的其他事一样古怪而激进。斯金纳相信，语言与我们所学的其他一切东西没有什么不同，学习的方法也一样，即在一系列的条件联结的基础上构建。

这是个大胆的理论，斯金纳秩序井然的白色城市和他的名望让他成了众矢之的。诺姆·乔姆斯基，一位麻省理工学院年轻的语言学家，1959 年在学术期刊《语言》上发表评论，带着年轻人特有的凶猛对上述理论进行批判。他断言，人的思想不能像乐高积木那样作用运转，即由简单元件构建复杂结构。它是复杂的，但复杂并不总是可以解构或分裂为简单。乔姆斯基写道，语言在某种程度上很可能是一种“固有结构”，不只是经验和区别强化的产物。

斯金纳，擅长重写自然规则来让它们变得更明晰，让孩子甚至是狗都能理解，可此时他却不知如何回应这个年轻人的怒气。最好的处理方法是既不惩罚也不强化，而是忽视它。但是在这种缺乏回应的情况下，一个新运动发展了起来，后来被称为认知革命。它认为，行为主义者因为把心理学定义为行为科学而犯下一个低级错误：乔姆斯基说这就像是物理学被定义为仪表读数的科学一样。思想机器是以某种方式被建造的。某些东西正在发生，也很值得研究，新兴的计算机业部分地激发了这个概念。认知革命是茫然无知状态的结束，它也再次提出了许多关于思维机器可能是如何进化的达尔文主义问题。他们的思想确实形成了系统：为了解决问题，为了勾勒形貌，为了区分敌友，为了弄清其他动物行为的含义。

乔姆斯基没有完全跟随这些思路。在他看来，语言，这个我们理智和人性的基础，是如此复杂和难以简化，以至于甚至那些和我们关系最亲近的动物的思想，对于解释人类的语言机制都没什么用处。乔姆斯基总是对这种非凡能力的进化史讳莫如深。“像语言或翅膀这样的系统，”乔姆斯基在1988年写道，“即使是想象一个可能能让它们产生的选择过程也并不容易。”

这就像树立方尖塔[1]来改变猴子的思想一样，简直不知从何说起。语言的出现，从物理学中借用一个名词，是一个奇点：先有的不能解释后来的。一些深层的组织规律不知如何地就被激发了，乔姆斯基有时暗示，询问它如何开始甚至似乎是一种亵渎。他把这种能力命名为“无限的融合”，这其中融合有神秘色彩，有一丝敬畏感——并不是神，而是一种我们可能从不理解的力量。

语言演变的问题仍然是达尔文观点辩论的中心。像黑尔和托马塞洛这样的科学家正在质疑乔姆斯基的观点：先出现的不能解释后出现的，所以人和动物存在明显的差距。托马塞洛辩解说，语言部分

---

[1]方尖塔，古代埃及和西亚常见的一种纪念碑，形状狭长，碑体四方，顶部呈金字塔状。一般以整块花岗岩雕成，重达几百吨，四面均刻有象形文字。

地建立在类似共享的意向性这样基础的东西上，是一个足够简单的手段，而不是不可知的继承。但是思维有其天生的结构，大脑是工具箱，不是简单的机器这一观念，除了行为主义者，大家都对此达成了共识。

在1959年，当乔姆斯基刚发表他对斯金纳的猛烈抨击时，珍·古道尔正准备去坦桑尼亚的贡贝做那项后来让她闻名于世的工作。那时，一条爱犬的死让她伤心欲绝，也让她开始了冒险。古道尔是一个富有而孤独的女孩，她的父亲是一位富有魅力的赛车手，古道尔在“二战”期间及战后住在白桦林，她父母则在英格兰伯恩茅斯的家里。她一直梦想着研究动物，尽管“研究”或许是一个枯燥无味的词。“我想像杜利特教授那样与动物交谈。”她写道。古道尔觉得，对于达尔文，狗是他了解自然的途径。她谈到的狗是一条胸脯上有白斑的西班牙猎犬，叫作拉斯蒂。她也叫它“小黑人”，以及“黑天使”“黑魔鬼”“猪”。

拉斯蒂正是那些让人疑心狗究竟能有多聪明的狗中天才之一。当地糖果店的老板让古道尔去照料一条漂亮但有点愚钝的叫作巴德雷的牧羊犬，但住在旅馆里的拉斯蒂闯进了她的视野。它很快地学会了古道尔一直费尽心力教巴德雷的把戏，还做了可爱的改进，在它的鼻子上翻转奖励的食物。它会按照指令躺下装死，也会爬梯子。古道尔称，它喜欢被打扮，但不喜欢被嘲笑。她在《我与黑猩猩的生活》一书中写道，拉斯蒂是“我遇到过的唯一有正义感的狗”。

拉斯蒂似人的品质促进了古道尔的研究："拉斯蒂，还有一些猫，各式各样的小豚鼠以及金仓鼠很好地教育了我。它们十分清晰地展示出动物有性格、能推理和解决问题，也有情感，因此我毫不犹豫地把这些特质也归到黑猩猩身上。"

由于缺乏科学训练，古道尔认为神人同形同性论是唯一可行的方法，她已经在狗身上进行了练习。到她遇到雇用她调查坦桑尼亚贡贝黑猩猩的路易斯·利基之前，她的思想没有受到现代科学很大的影响——她甚至没有进过大学。她爱冒险、热烈而富有激情，对动物的行为思想感同身受，并且用她的方法探究了很多科学难题。她命名了后来变得著名的黑猩猩，允许神人同形同性论流入，更成功掀起长久隐秘的世界的大幕。黑猩猩使用工具是突破性的头条新闻，并且古道尔的详细观察极大地推动了黑猩猩动物行为学的发展。但是她工作的很多动力来源于极为详细的几乎是小说式的黑猩猩社会生活的记述：黑猩猩在它们的族群崛起和衰落，哺育它们的幼崽，苦思冥想新策略来争夺领地。

古道尔战果非凡地来到剑桥，那时她已经发现了黑猩猩对工具的使用并决然地改变了科学界的每个人看待人类和我们最密切的亲缘动物之间的关系，科学家们热切地接受了她大部分的研究成果。但是他们不想完全接受她的方法，因而严厉批评她对黑猩猩的思想、情感以及性格的讨论。她并未对神人同形同性论敬而远之，她知道它们对她的研究方法是很重要的。"幸运的是，"她写道，"在我的童年时代我就已经拥有了一个在动物行为方面了不起的老师，所以我忽略科学的劝告。”这老师就是她的小狗拉斯蒂。

古道尔彻底改革了动物行为学，改变了它的实践和研究主题，也改变了对其感兴趣的人。随着她的事迹被《国家地理》以跨页的篇幅刊登和她富有魅力的多个大洲的生活被广泛传播，她让动物爱好者也觉得动物科学可以是安全的。她是一个生活在20世纪却有着19世纪的探险家精神和经历的人物。她与达尔文的共同点是，在探索的道路上都有一只狗帮助他们发现更多未知。古道尔，当今伟大的人类学女爵士同时也是野生和家养动物的重要倡导者，通过展示神人同形同性论能如何促进任何其他方法都不能实现的真正洞见，让它看上去不再那么有问题。

神人同形同性论不仅仅是一个产生科学假说的策略。如果你像古道尔那样严肃地持有这样的概念，即狗或黑猩猩是一些与我们自己类似的生物：有情感，有爱好，有家的感觉，你就会开始思考一些道德问题。“当我想到一些森林被砍伐还有残忍的肉类交易时，”她在2003年告诉《国家地理》说，“这不仅是黑猩猩群体要面对的。它也是许许多多的个体……我不能将群体的损失和对个体的伤害分离开来。”

古道尔将动物视为个体的冲动给了她一个新的科学理解，引领她投身到另一项事业。归罪这种高级的心理过程导致了新的要务。动物不仅值得研究，它们也值得人类担忧甚至是像人类一样被对待。再次，一只狗作为一个荣誉人类，已经推开了这扇门。

古道尔的观点已经被不断发展。布莱恩·黑尔，目前狗类和灵长类动物心理学研究的领军人物，他也是众多受珍·古道尔启发的科学家之一。黑尔9岁时就读了关于古道尔的丛林生活的相关文献，从此下定决心对此展开研究。古道尔对于人和动物之间的连续性的直觉，与达尔文的很相似，这种直觉也成为黑尔著作的基础。

在一个深秋的下午，我跟随着路标的引导来到黑尔的狗类认知实验室。它位于杜克大学生物科学楼的偏僻角落中，我来观察他和他的学生如何研究神秘的动物心智。当日接受实验者是一只名叫库伯的棕黑相间的达克斯小猎犬。库伯由主人（一对夫妇和他们的小女儿）带着，刚来的时候精力充沛：它的尾巴摆动得像一只螺旋桨，它闪亮的如同弹球一般的眼睛机敏地到处看，想找些有趣的事做。他们坐在房间另一端的椅子上，而库伯却一会儿跳上他们的膝盖，一会儿又跳下去，跑来跑去，而它的每一个动作都引来实验室成员的阵阵赞许："哦，库伯，你真太棒了，你太可爱了！"

他们这样称赞不是因为库伯恰好真的很可爱——事实上每只来到实验室的狗都会受到这样的礼遇，无论它们多么平凡。实验室里堆满了来自狗主人的各种信件，他们都认为自己的狗是天才——"他认为他的狗是个人"，这评论真是相当典型——叙述狗的智商是多么超常，几乎是在乞求他们为自己的狗做测试。

黑尔和他的学生致力于研究信任对学习的影响力。他们的研究建立在早期的实验之上，试图找出亚当米·克罗西和他的同事所发现的那种社交联结是如何影响人狗之间的交流的。一个实验要求研究者坐下抱着狗长达20分钟——让狗的催产素，即融合激素，在这段时间里释放到它整个神经系统中，然后开始对多种认知才能进行测试。这是为了从化学层面上测量狗的社会冲动如何与认知能力相联系。

黑尔现在是一名36岁的助教授，他的穿着既像是男学生又像摇滚明星，他很瘦，穿着黑色的正装长裤，有着蓬乱浓密而不平整的棕色头发。他每年会在非洲的灵长类动物保护区待上一段时间，也去参观其他动物实验室。我见到他时，他刚从日本回来。那里有个实验室，黑猩猩在家庭环境中被抚养大，所以能够实施一些美国实验室里需要麻醉才能完成的危险实验——比如他吃惊地观察怀孕的母猩猩接受超声波的刺激。黑尔的妻子，凡妮莎·伍德是一位作家也是他的同事，在杜克大学工作。它还有一个月就要生产了，所以黑尔家中很快就有一个新的“灵长动物”可以研究了。他们两人都高度热爱本职工作并深深投入其中。

黑尔致力于研究狗的认知机制在它与人的关系中所起的作用：描绘狗的认知能力中的各种系统，并弄清它们如何从它们的人类伙伴那里学习知识。在黑尔看来，是驯化使物种间进行交流。但是到目前为止人们对这种机制如何运作知之甚少，这就是黑尔想要梳理提炼出来的。“问题是，在一种环境下它们信任你，那么在其他环境下呢？”黑尔问道：“它们需要多长时间才能形成这种信任关系呢？在形成信任关系方面是否存在个体差异性？”桑代克的动物智力训练箱是把动物放在一个类似监狱的箱子中，而黑尔实验室的研究空间大小跟一间较小的曼哈顿单人公寓差不多，简洁现代，没有任何会分散狗的注意力的东西。“我们的测试内容是让狗与两名陌生人待在一起，”黑尔说，“一名陌生人用有趣的方式与狗进行互动。或者说是让狗对两名陌生人之一产生信赖，共同完成 18 项测试。然后我们会再次对狗进行测试，我们想知道要是你轻拍它并和它一起玩耍，在下一阶段的测试中狗就会对你有信赖感吗？”

库伯接受的是关于社交学习技巧的测试，也就是我们熟知的颜色饼干测试。黑尔和学生们观察到，在学生诱导者凯蒂·帕特洛的引导下，库伯会选择亮色的小食品吃。简要地说，就是看狗是否是通过观看来学习的。它的主人把它抱到那堆小食品前，帕特洛假装吃了一小口，感觉很美味的样子，库伯看着她做这一切，然后学着做，它冲过去把剩下的吃个精光。“真棒，库伯！”

这个测验基于一项在波多黎各之外的卡约圣地亚哥对猕猴所做的研究。人们发现猕猴对选择有很强的倾向性，人类诱导着对某一物件做出反应会对猕猴的选择产生很大影响。而狗类却没有显示出像猕猴那样强烈的效应。

库伯反复经历几次测试，展示出它的认知天分，但随后就犯了错误，它选择了一个帕特洛并没有表示出偏爱的物件。但它依然获得了赞赏和欢笑，对此我们在这里不做评论。接着，帕特洛变化了她的选择，不是做出喜欢吃的假动作，并抓抓耳朵。而是将一对小盒子放在前面，把手放入其中之一，表现出仿佛被盒子里的东西咬了的样子。库伯凑上前去试探性地嗅了嗅，试图发现是什么东西让它的朋友如此痛苦。真是一只大胆的狗。大多数狗在这种情况下都会先到诱导者跟前看看，然后再去探索危险的盒子。最胆小的狗甚至都不敢靠近。

库伯完成了测试，自豪地奔出去，主人们跟在后面。黑尔和我回到大厅下面他的办公室里，讨论他和他的团队的收获。实验室的第一项发现就是关于指引方面，对黑尔著作中的观点做进一步的提炼。“如果现在有两个人同时做指引，”他说。“你就会有模糊的信息，食物可能存在于两个不同的地点。那你选择哪个呢？两个人中，一个是你的主人，另一个是从未见过的陌生人。他就是一个站在房间中指物的陌生人。你会照谁的指标选呢？结果就是它们会很明显地遵循它的主人而不是陌生人。但是要是主人没有指引的话它们就会遵循陌生人的指引了。”

黑尔和他的同事发现，一般而言狗偏好于其主人的指引更甚于陌生人的指引，但要是他们指的是食物，那无论是狗主人所指还是陌生人所指，对狗都没多大区别。“基本上，结果就是，狗会接受陌生人给的糖，但不接受他们的指令。”黑尔说。

黑尔打算把这些实验草案整理成技巧性的东西来评估和训练服务犬。但同样，他也需要争取到人们的合作。对于黑尔来说，黑猩猩和巴诺布猿是狗和狼的类似物。巴诺布猿更温顺，更容易建立联系，尽管它们做事的方式在现代社会看来可能不够礼貌。“它们不可思议地宽容，”黑尔对我说，“就算与巴诺布猿坐在一起吃东西我也不会感觉不舒服。但要是我们都是黑猩猩的话，我们就不能在一起喝低热量可乐了。我们可能早就打起来了，因为我们两个都想要同时喝两瓶。如果我们是巴诺布猿，我们就不会打架。不幸的是，我们可能需要一起摩擦外生殖器——但是我们确实能分享可乐。”

黑尔的观点是，这个过程就是巴诺布猿和黑猩猩在进化史上走向了不同的方向的原因，这与狗和狼的进化过程别无二致。“巴诺布猿是保幼[1]的，”黑尔说，“它们被自然地驯化。它们不那么具有攻击性，从形态学上来看，它们有较小的颅骨，更为亲善，甚至嘴唇上也缺少天然颜色。”

因为认知能力没有存留在考古记录中（至少在工具和艺术进入考古记录之前还没有），所以诸如黑尔和托马塞洛这样的科学家只好用类似的物种对过去进行推论——黑猩猩和巴诺布猿总是让我们想到我们的先祖。“我不知道巴诺布猿和黑猩猩最后一位共同的祖先是什么，”他说，“我们没有线索。我们也没发现化石。我们没有进展。没有物证，也不能进行演绎论证。”

用类推的方法，狗帮助黑尔和其他科学家梳理出人类进化的条件。黑尔暗示道，本质上是人类驯化了自己——我们创造了语言，发展出合作技能，这样极大地提高了我们的智力。对于我来说，科学的解释更简单。不是说我要把黑毛的斯特拉看作某种认知天才、某种不能说话的专家，而更应强调的是，是它建立起我们之间的亲密关系。我们都很温顺（要不就是有时都不够温顺）。我们有很多共

---

[1] 保幼，抑制正常发育和生长来延长未成熟期。

同的兴趣和一些共同的需求。这项研究已经开始让我们共存的空间得到净化。我相信它是我的朋友。温顺是我们进入人类文明的代价。就像对于达尔文来说，狗的社交能力在这样的环境中也能得到最大限度的发挥。黑尔说："是关于狗的事引领我们至此。"

第九章

移居温室的狼

狼变成狗是因为在史前，它们忙于从事与人类类似的活动，同时它们拥有与人类相同的兴趣，这两个物种有着类似兄弟的关系。就像查尔斯·达尔文，珍·古道尔和布莱恩·黑尔都喜欢狗一样，早期的人类或许也明白，狼是与他们类似的生物：群居、哺乳、合作和捕食。在人类出现之前，灰狼曾是这世界上最成功、适应能力最强并且分布最广的食肉动物。早在狼进入考古记录之前，就有明显的证据表明人类和狼之间的关系：相较于其他的人类装饰物来说，早期人类更喜欢把狼牙作为装饰物。在保加利亚某处，考古学家发现了距今 43000 年历史的史前狼牙，意味着它们是人类艺术作品的开端。在法国某处，犬科动物的牙齿在史前装饰物中占了 2/3，虽然种类其实都差不多。一些学者，如纽约大学的兰德尔·怀特，相信这种装饰物都有着种族意义，这使得这些早期的人类成了“狼之人”。

这种亲戚关系的发展不足为奇。在欧洲，早期的人类和狼都用同样的方式获取食物：合作打猎、捕猎大型动物、靠牙齿和利爪求生存。康拉德·洛伦兹的学生，德国人类学家沃尔夫冈·施莱德，曾经在 2003 年的论文中（该论文只有极其有限的证据，但却又有许多关于早期人类文化的理论）提出一种理论：人类从狼那里学习怎样聚群和打猎，其中有一些狼适应了和人类的共同生活——这是合作进化可能性的例子，同时也是美化两个种群起源的故事。

只是这种适应性是如何发生的也许永远都不会有确切答案。是一只胆大的狼希望离群而徘徊在人类聚营地的周围，而后在那里逗留？又或者可能是狗的祖先是个狼崽孤儿，被带到早期人类的族群里被抚养长大，然后从那里开始繁衍后代？这是詹姆斯·舍佩尔（我们在之前的第二章谈过）的观点，他是一名研究狩猎采集者的养宠物爱好的科学家。就在几年前，这还是对狗进化的一致观点，但就在雷·科平杰的早期作品（见第六章）问世之后，这种观点就引起了巨大争议。

在 20 世纪 90 年代末期，罗伯特·韦恩分析了 142 只狗（属于几个不同的品种）和同样数量的狼的 DNA 后计算出这两个物种在差不多 135 万年之前就出现了分离。该年份可能暗示了人类在那些从非洲转移到欧洲的残酷岁月中就有了动物同盟，开始创造艺术品并且光荣地击败了尼安德特人[1]。对于一些爱狗人来说，这也许是关于狗的故事中最美丽的版本：狗是现代人类所创造的礼物。一些考古学家甚至暗示早期的狗在击败尼安德特人中扮演了重要角色，那些尼安德特人在进一步进化的人类到达之前掌控着欧洲。但是仅有少量的考古学记录揭示，却没有实物证据证明在早期的那个时代或者在随后的 10 万年中狗是存在的，这也很快将韦恩的日期带入争议

[1] 尼安德特人是一群生存于旧石器时代的史前人类，因发现于德国尼安德特河谷的人类化石得名。

之中。

最近，一个年轻自信的瑞典科学家皮特·萨沃莱思做了一项更广泛的研究，运用来自全世界 650 只狗的毛发的线粒体 DNA 进行研究。他发现驯养活动可能发生在距今 15000 年之前，这个时间与人类学证据所证明的最有把握的时间更契合。同时他也发现多数基因变异发生在东亚地区，也就暗示了狗可能起源于那里。罗伯特·韦恩基于自己对细胞核 DNA 的广泛研究，他提出了狗起源于中亚的假设。但是两个科学家都认为驯化并不是多次发生的，也许驯化只涉及几百个个体的狼。

这方面的考古记录极其稀少，一部分是因为早期的考古学家对犬类骨骼并不是特别感兴趣，而且许多样本或许都已经丢失。近些年来，狗作为人类文化的重要部分引起了人们越来越多的兴趣，所以狗类考古学也就变成了考古学的分支。然而，人们还是很难掌握其清楚脉络，特别是因为狗和狼的骨骼标本都是碎片，真是难以区分。在比利时的戈耶洞穴，一个维多利亚时期发现的完整犬头骨近期被重新检查。与狼的头颅比，狗的更宽、更短，这也被认为是狗的特征。这一特征可以追溯到 3 万年以前。比利时皇家协会的古生物学家米特耶·杰莫普雷对比做出了鉴定，用以作为狗类早期驯化的主要考古学证据。据他猜测，在历史上，那时占领该洞穴的猛犸猎手们可能已经在使用德国牧羊犬身形大小的动物去拖拽猎获物了。但是大多数考古学家的假设只是猜测——仅仅基于零碎的骨片几乎不可能重建一种动物的生活。那个头骨可能是狗和狼的中间过渡形式——如鲍勃·韦恩这样的科学家相信，在现今最早发现的犬类残骸（14000年前）之前，犬类一定已经演化了一个千年期了。但是其他考古学家怀疑地指出，那个头骨可能属于一只未成熟的狼。

法国南部的肖韦洞穴（以充满动物肖像画而著称），有一组保存得相当完好的儿童足印，据碳定年代法显示，它们存在于26000年前。这些儿童足印与狼的（也许是狗的）交叉在一起，由狗的前爪足趾之一较短这一特征判断。到目前为止，动物足印只在儿童足印上发现，暗示出狼（或狗）出现在人之后。若是动物足印被压在儿童足印之下，就为考古学提供了一个巧妙的证据，狼和孩童曾经一起行走过。一个儿童手持火把，和他最好的朋友（狼或狗）一起走过黑暗之地，这是一幅多么美丽的画面！但到目前为止，并没有发现这样的足印，所以这样美丽的画面只存在于爱狗人的梦中。

又经过包含冰河世纪在内的几个千年，狗才最终出现在化石记录中。人们可以想象，如果狗在那时已经出现，它们可能会出现在法国拉斯科岩洞壮观的岩壁画上，那个岩洞距今已有15700年的历史。这些图画显示那时的地球气候温暖，新文明在生机勃勃地发展。但是拉斯科岩洞里并没有与狗有关的图案，西班牙北部的阿尔达米拉洞穴有着和拉斯科相似的岩壁画，其中也没有发现有狗的身影。对大型动物百科全书式的描写也仅仅展示了狼的一点形象。但是这些岩洞中并没有人的形象出现，这才引得一些历史学家猜测——人类和狗类被认为是隔离在其他野生动物之外而存在的。

弗吉尼亚州拉德福德大学的研究者，犬类考古学家达西·莫里认为，毋庸置疑，第一只进入考古学记录的狗约存在于 14000 年前（尽管骨骼碎片可能更早，15000 年以前就在俄罗斯和瑞典被发现）。在 20 世纪 20 年代，就是在现在的伯恩 - 奥博卡索的郊区，在莱茵河右岸，采石场工人发现了一处坟墓，内有一位 25 岁女人、50 岁男人还有一只狗的骨架。通过标准分类，这对老夫少妻夫妇和他们的宠物狗都属于马格达林时期（公元前 16000—前 10000 年）的文明，正是他们的亲戚创造了拉斯科岩洞。从考古学来讲，这使这只狗变成了晚期马格达林文明工艺品的原型——与人们想象中的形象惊人地相同。马格达林人是大草原上的猎手，尽管在那个时期，马可能便是他们的重要食物。冰河世纪结束后，拉斯科的创造者们在原来的冰川所在地上繁衍生息。欧洲在那时是北极地带的延伸，河流周围稀疏地分布着一些树木以及野生动物群、驯鹿群、马群和野牛群——当时的环境和今天一样艰苦却生存着比今天更多的物种。还有熊、兔、狐狸，它们的骨头也大量出现在考古记录中，考虑到它们骨瘦如柴的身形，猎人一定是为了皮毛而捕获它们。

马格达林人有了他们自己的世界。在 28500 年前，尼安德特人消失了。尼安德特人的生活曾经很是艰难。他们的智力发展程度不高，不太懂得怎么用针将皮毛缝成衣服，所以生活得很艰辛。这些早期人类不知道怎么改造环境，为了生存下去他们只能不知疲倦地干活。在这个族群中，女人和孩子也要充当相当于橄榄球队里的中后卫的角色，所以他们同样肌肉发达，肢体粗壮。他们的骨骼有极度磨损的迹象——因压力而产生的骨折和已经恢复的伤口似乎显示了他们曾与猎物近身肉搏，而且长期艰辛劳作。遗迹还显示出他们照顾老人，因为他们认为老人们为群体做出了很大贡献。但是很明显，他们没有养狗。

尼安德特人的故事令人心酸。他们是最早到来的，他们如此辛苦地劳作，但他们仍然被下一个族群取代了。对于那个族群来说，一切似乎都那么容易——现代人以智慧代替体力。尼安德特人发明工具，学会生火，掩埋死者，但没有创造出艺术，也没有发明出革命性的狩猎方式。

在欧洲，马格达林时期是黄金时期。猎物充足，还有很多武器和技巧可以用于狩猎，大规模捕杀、驱赶包围被越来越多地应用。随着冰川消融，游牧的马格达林族从他们的据点跟着驯鹿群向北迁徙，也就是从今天的法国和西班牙迁徙到了今天的德国、丹麦和英格兰。那是产业化狩猎的时代，人类已经发展出了这样的技巧：猎物在每个季节中会在哪里出现，他们就去哪里捕猎。他们利用溪谷和河流集中和引导他们的猎物，将它们大批地驱赶下悬崖。马格达林人都是有创造性的猎手，他们制作大批精良的工具，想出很多实战技巧。他们有梭镖投射器，有的象牙上还配有雕工精致的把手，还有弓、陷阱和一系列石质和骨质工具。他们或许也开始使用网捕猎。他们风干肉类，储存脂肪，在歉收的季节存储猎物。

狗在这段史前文明中所扮演的角色并不明确。但从很多方面来说，这种环境对于狗来说是理想的——在现代的集体狩猎文化中，狗是人类高效的伙伴。它们如同马格达林人的武器般性能卓越，既能致伤又能致命——若是给它们一个机会，它们一定大有用武之地。狗的狼性而暴力的捕猎方法——它们将猎物包围，一些咬住猎物的鼻子，而另一些则去攻击猎物的臀部——绝对可以帮助马格达林人捕猎。20 世纪 80 年代英国考古学家朱丽叶 · 克拉顿 - 布洛克认为狗加速了捕猎技巧的提升：马格达林人所用的箭只能使动物受伤而不能致命，而狗能追踪到这些受伤的动物。克鲁顿 - 布洛克在英格兰东部海岸三分之一处的斯塔卡尔收集到了不少证据。斯塔卡尔是冰川消融之后，马格达林人在千年期到达的另一个阵地，始于 11000 年以前。在斯塔卡尔的挖掘中发现了大量狗骨和细石器箭头。在狩猎中狗不必特别服从人类的命令，虽然它们的服从会有所帮助。在狩猎中能以这种方式用到狗就足够了。

考虑到人狗之间的紧密联系，狗为主人带路的天分，这绝不是巧合——事实上一些古迹遗址就是由狗嗅出来的。拉斯科是由一只叫作罗伯特的狗发现的，它那时正和 4 个少年在林间散步。罗伯特追捕一只兔子一直追到洞里，从而开启了这座神秘而壮观的洞穴艺术宝库。阿尔达米拉是另一座马格达林时期的庙宇，它发现于 1868 年，那时一个猎人的狗被那儿的一堆石头绊倒。若干年后，另一位当地的西班牙人，一个业余考古学家，和他的女儿又回到那个洞穴，注意到了洞中的画作。“看呀，爸爸，”小女孩指着岩壁上造型优美的图画喊道，“那是牛。”

另一个可以寻找到狗的起源的地方是人类的大脑。在大约55000年前，在早期人类中好像发生了一些事情——我们在捕猎、艺术创作和文化行为方面都取得了一些成就，那时我们才真正变成人类。除了艺术创作和学会有取舍地捕猎，早期人类还开始驯化犬类。英国人类学家史蒂文·米森指出，早期人类的多种认知模式——他们的自然历史理解力，他们的技术理解力，他们的社交智商，原先大体上都是各自独立的能力，然后都被一种新型重组能力所联系起来。早期与人类相似的生物，我们的祖先和尼安德特人，只能少量地杀死大型动物。他们有限的工具看起来对捕鱼和捕鸟无能为力。迈森认为，脑中多种认知区域间障碍的打破使现代人解决了上述问题。

一般智力，即科学家所说的“G因素”，是解释这种现象的方式之一：指令模块将认知能力联结起来——一个中心控制一切。但是早期人类还见证了想象力的产生：要是我是一只驯鹿的话，秋天来了我会去哪呢？想象一下一只前臂大小的洞狮，有着人类的躯体，在30000年前它由一位旧石器时代晚期的天才创作者用象牙雕刻于今天德国的斯瓦比亚省所在地。在他看来，动物可以变成人，人也可以变成动物。神人同形同性论也由此诞生，这也许也是我对斯特拉所有想象的源头。有时，一个人类的女儿高兴地出去玩，不慎走入狼窝的巢穴并被狼养大，从另一个角度来说，她也就变成一只会露齿嚎叫的狼，一个半人半兽的生物——在我看来，她可以扮演这样两种角色。

这其中当然存在一定的模糊性。无论关于动物智力的真相是什么，人类似乎都固执地认为人类自己（我们的思想、意图和欲望）在其中发挥一定作用。尽管如果用科学角度来审视神人同形同性论，会发现它并不完美而且有很多想象的成分在里面，但是它却成了捕猎时具有不可思议准确性的预测工具——这种思维的运用使早期人类在大规模猎杀中将他们的狩猎能力发挥到极致。动物不再只是会移动的肉，捕猎者也不再只是以本能的方式，看见—跟踪—追逐—杀死去观察和追捕它们，如果你知道动物要做什么，你才能思考出你必须做什么来杀死它们。

当然事情还有另外一面。我渐渐地将神人同形同性论视为一种原罪：你能得到你想吃的东西，你将成为世界的主宰，但有时你的良知会让你备受困扰，你会担心被你所杀的动物的灵魂将去向何方。在过去的几十年里，对于工厂化农场中的动物和收容所中的狗的遭遇所引发的各种讨论，我时常会提到这些自古以来就让人们纠结的道德难题——也许有人会说我伪善。在这一刻，我们会关心狗、猪、马或其他动物；而在下一时刻，我们就仅视它们为餐桌上可以被随意处置的肉。

神人同形同性论的出现为狗在我们的心目中赢得一席之地。最早的狗类遗骸有力地表明，无论狗何时出现以及在哪里出现，它们都已经同人类一起走进了考古学记录。是同人类一起，而非只是人类的小配角。有些早期的狗只是被人类当作宠物或者类似宠物一样养着。在以色列北部的艾因・马拉哈（Ain Mallaha）附近的纳吐夫文化墓地里，考古学家发现了一具12万年前的骸骨：一位老妇人在靠近前额的位置拥着一只小狗。尽管有人怀疑这只四五个月大的小狗是如何死亡的，但是这幅老妇人拥着小狗的画面还是让人倍感温馨。

人们对马格达林时期文化的了解极少，更多的信息也无从考证。但是狗的骸骨在这些早期坟墓里出现，就像伯恩-奥博卡索的那只一样，都证明了狗在当时有一种特殊的社会地位。狗最初被简单地当作是潜在的食腐动物，但是它们很快就灵敏地转换了自己在人类社会中的地位，成为特殊的一员。我想起了科学家雷・科平杰对我说的话：狗是人类休闲时的伙伴。或许让我们意外的是，我们之前都认为古代狩猎群居族的生活充满艰辛，但其实也有闲暇时光。他们在捕猎成功时收获大量肉类蛋白质，然后保存起来，也许比他们几千年以后的农耕后人工作时间还短。他们的狩猎技巧不仅可以帮他们在猎物稀缺时维持生计，更给了他们思考的时间。他们在闲暇时间里会偶尔想到他们的伙伴——狗。最早的狗的壁龛是由像埋在伯恩・奥博卡索的那对夫妇一样的游牧群居狩猎族遗留下来的。但是有证据表明，狗在当时的人类生活圈里还充当了其他角色：朋友、不会说话的亲人和孩子代替品。换句话说，直到今天狗类其实也仍在扮演这些角色。狗不需要人类刻意地呵护就可以活下来，但是从人类的大部分历史来看，狗激起了人们的同情和关怀，并从中受益。

从古代人们对狗的葬礼中我们可以收集到更多有说服力的证据。除了马格达林时期的文化之外，在群居狩猎族文化中我们也经常看到人们为狗办的葬礼。有时我们会看到一些年老的狗的坟墓，这些狗已经老到不能再为人类工作了，但是人们还是为它们举行了葬礼，这些葬礼通常都是只为亲人举行的。达西·莫里写过一篇文章，这篇文章的内容是关于一个有7000年历史的狗的坟墓，坟墓里的狗不仅年纪很大，而且还有关节炎、肋骨断裂并伴有感染，以及其他疾病。那么这只狗生前一定得到了人们的照顾，否则它不可能活下来。它的葬礼更显示了它在主人心目中的地位。（后来人们也陆续发现了狼的坟墓，再后来还发现了马的坟墓。）把狗同人类共同埋葬，也表明了某种精神上的暗示，或许人们把狗当作通向另一个世界的向导。

马里昂·施瓦茨在她的《早期美洲犬史》一书中，收集了很多美洲印第安人与狗的故事。在这些故事中，狗是半野生半驯化的动物，并通常被作为人类社会与大自然的中介。在加拿大北部的克里族看来，早期狗和狼通过竞争来决定谁能和人类一起生活，最后狗胜出。狼在人类营地外面的嚎叫就是为了发泄对狗的嫉妒情绪，嫉妒它们和人类一起过上了安逸的生活。在美国北部缅因州的佩诺布斯科特印第安族流传的创世神话中，人类最早的始祖——通常也认为是兽类与人类共同的祖先，召集了所有的动物来准备迎接人类的到来。人类始祖问这些兽类准备如何与人类开创共同的事业，但是兽类们都拒绝了，有的甚至充满了敌意：松鼠就声称要咬掉人类的头颅。它们大部分都认为人类的到来会削弱兽类们的联盟。但是只有狗愿意同人类一同生活并尽自己的一点微薄之力。

那些不欢迎人类的兽类都被驱逐了，并失去了它们说话的能力。它们被施了诅咒：永远害怕人类和狗。在其他版本的故事中，例如美国萧尼族印第安人——东部腹地最大的部落，和北加利福尼亚的部落，在他们的创世神话中，人类的祖先把狗当作顾问和伙伴。施瓦兹还列举了其他几个故事来说明为什么狗应当被尊重。“当人们开始爱狗时，就会被赋予强大的力量”，一位易洛魁人（北美印第安人）故事作家说道，“狗听得懂我们讲的话，它们只是不能像人一样自由地表达而已。如果你不能对狗心存爱意，那它就会用它的魔力刺痛你。”

狗也可以被当作食物。北美洲西南部发现了狗最早的遗骸，距今大约有一万年之久。这些狗的遗骸在人们的排泄物化石中被发现，再次证明了在很多文化体中，狗是一种食物。莱维斯和克拉克在西部极寒的冬天里以狗肉为生，但是他们留下了他们的爱犬——一只名叫水手的纽芬兰犬。狗的多样性功能就是这样让人感到惊奇而迷惑，一方面它是人类的伙伴，另一方面它又可以作为人类的食物，它更像一个物品而非一个有灵魂的生物，这种复杂的感情今天仍然存在于人们与动物的关系之中。

斯特拉的史前经历并没有消失成为过去。虽然它是一只住在城市里的让人喜爱的动物，但它还是有些返祖行为，这些行为更多是为了适应马格达林时期的社会而不是它生活的这个社会。无可置疑，它像一只狼，也因为这一点我们的关系更好。在一次跨国的滑雪过程中，它跳跃着一直往前跑。当我赶上它的时候，我发现它在追随狼的足迹，这些足迹我之前并没有留意过。它一直穷追不舍，直到它因冲破积雪而累得不行，过了一会儿，又开始向前冲，一直保持遥遥领先。在户外时，它就像我的向导，引领我找寻新的风景。有它在，我像多出一项本领，可以想象史前的人们也一定有同感。

但是斯特拉的本性也为我们两个造成麻烦。它喜欢玩耍消防栓、鸡骨头，这些就是它实实在在的世界，而且它总是浑身摇摆地向人打招呼，好像每一个过路者都是它失散多年的亲戚。在乡村时，它只度过一小段时间，这显然是不够的。有时，除了散步、跑步和旅行，我感觉它只是在打发时间直到再次回到乡村。内疚感，对于提着狗粪塑料袋的城市人来说只存在于某一瞬间。这就是狗的一生吗？这是一个让人产生同感的低层次的生存危机——它需要什么？它是什么？它那生来就有的充满渴望的眼神中流露出这样的想法。

这种城市社会中不得已而为之的亲密关系也促使了狗越来越人性化。如果狗生活在院子里，那么我们就很容易提供给它任何以前的东西，也容易以先前的方式对待它。狗可以寻找到动物的尸体，或是埋起一根骨头，追逐麻雀，做所有狗应该做的事。生活在公寓中，斯特拉只会用力地挖毛毯，但也无济于事，尽管有时我们需要换一条新的毛毯。

但在户外就截然不同。在大自然中，斯特拉就如有神助，它在底层灌木丛乱窜，跑到我去不了的地方。挣脱了绳索，它开始胡作非为。它在桌底盼望主人给好吃的，如果吃到美味就会疯癫起来。但是它能找到眺望风景的高地，竖起爪子，或是在很厚的雪里乱窜，这些对于很多人（或是大多数狗）都是很难做到的。和我们生活了一段时间之后，它学会了只要人叫它就会过来，但是在户外我们之间更像是同伴的关系而不仅仅是它依赖我。在家时，我不用拴着它，因为它会一直围着我转圈。可一旦脱离绳索，它就活力四射。

斯特拉有一个不一样的世界，这也提醒我们也是如此。一个人住在城市里会有的冲动，比如吃比萨还是中餐？今天的天气预报是什么，要不要带伞？这些既普遍又单调，似乎现代生活方式把其他一切乐趣全都赶走了。但是其他感觉会喋喋不休。食物和性在这些感觉面前变得渺小。在城市社会里的这些社会感情，恐惧、愤怒，以及其他一些不可避免地被挖掘出来或由于人的弱点不能挖掘的感情。但是其他事情更微妙，更难用语言来描述。

人们曾生活在像马格达林一样的社会里，那个年代发生了最重大的变革。我们的文化也在那时产生，狗和狼也开始变得非常不同。在那个环境中，我们对动物的看法也是我们生活中一个重要的遗产。至少，我们拥有从那时起类似的在语言形成前的共识，也是动物语言的核心。我们不仅发展出奇妙的分类和思维能力，而且对地理有了新的理解：怎样开拓新的土地，怎样的过程是正确的。发现新大陆或是看到新的风景、树木、水时的狂喜是很自然的陶醉，是对于人类先前生活方式的残留。

在雪中，我并不想杀掉什么，除了有时想杀了骑雪地机动车的人。但是如果我当时很饿，那情况可能会改变。谁知道什么时候这样的思想会挟住我？斯特拉去的方向或许是一个答案。大自然过去在我们生活中是非常重要的一部分，而斯特拉就能让我联想到那时人们的生活。

第十章

杂交育种

追溯到几百年前，斯特拉的另一个起源地是纽约以北几百英里的地方。如果你坐飞机去欧洲，在座椅背部的屏幕上可以看到一个形象的飞机图案飞越整个大西洋，沿途在北美地图上标注的最后一个边区村落就是加拿大纽芬兰省的圣约翰港。圣约翰港是纽芬兰陡峭的石壁沿岸上不计其数的小型港口中最大的一个，据传这里是所有拉布拉多犬的起源地——所以，这里是斯特拉祖先家乡中的一个。它是一只杂交狗，在某些时节，它的颈部和髋部会长出红褐色的毛，形成一些鲜艳的红黑交融的斑点，但从它乌黑的毛发可以确定它有部分的拉布拉多犬血统。它的脾气很好，也很友善，甚至可以说它有些过于黏人。它喜欢围绕在人的身边，这是拉布拉多犬的另一个标志。

斯特拉非常棒，它是我的狗，但它其实和普通的狗没什么两样。如果你去养犬俱乐部的登记册上看一看，就会知道拉布拉多犬是这世界上最受欢迎的一种狗。这一点倒是让人颇为不解，因为它们是那么朴素。尽管我总赞美斯特拉的美，但它们这种狗却是以其朴实无华和踏实肯干的特性闻名于世的。表演类犬总能在威斯敏斯特狗展上出类拔萃，而拉布拉多犬则从来不会博得头彩。还有，它们也不需要太多的装扮和粉饰，事实上把它们的毛拢一拢吹一吹就好。然而外表不能代表一切。拉布拉多犬生性温和谦逊、聪明机灵，这使得它们可以完成很多种任务，成为最常见的为人类服务的狗。相比之下，博德牧羊犬虽更聪明，但更像课堂的某些小孩，它们似乎无所不知，总是举着手想要回答问题；而拉布拉多不同，简言之，它们可以耐心地等待，直到主人发出请求，而这是一项非常重要的品质。

另有传说关于斯特拉来自海上的祖先，对此我几乎一无所知，也因而充满着好奇。18 世纪，纽芬兰沿岸的浅滩盛产鳕鱼，拉布拉多犬生性吃苦耐劳，可以很好地适应恶劣的生活环境，所以它们在那时曾被用于捕鱼业。一次，在查尔斯河上，斯特拉的前辈普茨曾经跟在我们的小船后面划水划了足足有一英里，甚至更远。斯特拉虽然不及普茨，但也算得上是个游泳健将。我曾设想，斯特拉的祖辈们也许从纽芬兰而来，并且它们的优秀品质几乎不曾改变，一代接着一代地往下传承，直到斯特拉来到我家。

但事实并非如此。对于斯特拉的故事，既要探索发现也要敢于创造。现在，它能趴在我家的地毯上，而这在很大程度上要归功于过去的一些想象。在某种程度上，19 世纪对狗来说更像是大熔炉，这和人们的普遍看法相悖。而据粗略统计，几十年来不同种类狗的例子都印证这一假设。可以说，斯特拉是 19 世纪某类英国人自我形象的产物，它的美德代表了他们的美德。在维多利亚时代，狗虽不及人这般高贵，但它们事实上已经成为人的复制品，它们继承主人的内在高尚品质以及阶级优越感，也继承这些人对合理有序社会的愿景。对此，斯特拉来自纽芬兰的祖先起到十分重要的作用，同时，发生在它自己身上的故事也揭示了种群在整体上的发展变化这一更为宏观的故事。通过对斯特拉迂回曲折的身世历程进行探索，我了解到 19 世纪狗类的发展史，以及今天发生在它们身上的变化，这些都足以颠覆我们对这个建立已久的世界的印象。

至少在 300 多年的时间里，来自纽芬兰的狗一直都是大英帝国最有名望的狗种。起初，它们全都被叫作纽芬兰狗，我们所熟知的纽芬兰狗也好，拉布拉多犬也罢，它们没有一个是绝对意义上的纯种狗，而若要对狗的种类进行明确的划分还要等上一个世纪之久。18 世纪末，英国人开始逐渐在自家搭设狗屋养狗，由此出现了一批品种优良的狗，例如聪慧的柯利牧羊犬，之后成为英国象征的勇猛的斗牛犬，还有指示猎犬和赛特猎犬，以及那些由历代国王们饲养的打扮华丽的小型拉布拉多犬。

柯利牧羊犬也许很聪明，也更为常见，但牧羊人的工作可绝对算不上光鲜。相比之下，尽管有人会提出异议，纽芬兰狗在偏远荒芜的海岛上的作为显然更令人称道。纽芬兰狗有出色的海上本领，面对困境依然能够对主人言听计从不改顺从秉性，在它们身上英国人看到自己的影子，而且时至今日依然如此。大英帝国有一股文明的力量，可以将许多杂种狗都变成世界上最优秀的狗。

纽芬兰岛上的居民有时管他们那里叫作“石头岛”。纵观其历史，岛内不曾修建任何道路。但几百年来，随着腌制鳕鱼成为欧洲饭桌上的一道主菜，这里便成了世界上最重要的港口之一。狗是这里的第二大出口品，由此便有了有关斯特拉是从这里起源的另一个说法。从 16 世纪中叶开始，来自英格兰南部德文郡的渔民每年夏天都不远万里来到一个叫作阿瓦隆多岩的半岛，并在圣约翰港安营扎寨，泛舟捕捞这里的鳕鱼。欧洲人一般喜欢体型较大的鳕鱼，他们会深入大浅滩，然后用大量的食盐对捕捞上来的鳕鱼进行腌制，而英国人则更中意小型的鳕鱼，这样可以直接在多岩的岸边把鱼晒干，因而也就不需要用那么多盐来对其进行储存。来自英国布里斯托尔的一位名叫安东尼·帕克赫斯特的船长曾于 1578 年到这里执行一次勘探任务，他这样写道：“英国人因捕鱼而普遍成为港口的贵族，如有需要他们还会请求陌生人来帮助他们捕鱼。”帕克赫斯特船长随后带回来一只马士提夫獒犬，声称这里到处都是鳕鱼，多到他的狗在海滩边就可以捕到。

到了 18 世纪中叶，来自纽芬兰的狗已近乎传奇，每一个伦敦人都在夸赞它们的能干。而在英格兰有关纽芬兰狗神奇之处的描述和它们在纽芬兰岛的实际情况并不相符。1766 年，当时一位名叫约瑟夫·班克斯的著名博物学家跟随一艘护卫舰来到纽芬兰，该船沿着海岸线进行巡视，以监督法国人是否在按照协议进行捕鱼（几年后，他还踏上了库克船长的第一次南太平洋之旅）。他对纽芬兰岛上的动植物群进行了细致的采集，并花时间记录下自己对于岛上最富有传奇色彩的动物的一些想法。“几乎每个人都听说过纽芬兰岛上的狗，我自己也充满好奇，想得到它们。我在开始踏上旅程时就自信满满，坚信可以遇到一种狗，它们和我之前见过的所有狗都不同，它们拥有超强的本领，可以轻松地下水游泳。当我得知这些狗并不是属于某一单独的种群时，我便更为震惊了。我所见到的这些大多都是和马士提夫犬杂交而来的狗，有的善于划水，有的则根本一窍不通。”他还写道，一位来自偏远小镇的镇民告诉他说自己饲养了一只纯种狗，这种狗就是班克斯口中所说的原始纽芬兰狗，但他却从未见过这只狗。

在班克斯之后，大多数来到纽芬兰的观察者们对岛上纽芬兰狗的看法似乎都染上一丝传奇的色彩，认为饲养这种狗在很长一段时间内会是一种潮流，认为它们就像标签一样集英国人的各种优良品德于一身：吃苦耐劳、本性善良、聪明而不矫揉造作。约翰·麦克格雷戈在1825年出版了一本有关英属北美省份的书，他说纽芬兰的乡下和苏格兰西部高地惊人地相似，并且，书中还收入了一封信，信中表达了对当地纽芬兰狗的喜爱之情。他这样写道：“这里的狗谦和驯顺，十分忠于自己的主人。它们可以很好地在垂钓园中发挥自己的本领，成对地拴在一起把木材拖运回家。它们生性温和，恪尽职守，是人类很好的朋友，并且愿意为自己的主人鞠躬尽瘁而没有任何怨言。尽管它们有些贪吃，但和那里的土著人一样，它们可以在相当长的时间内忍受饥饿。”

而事实上，与其说“纽芬兰”是一种实际存在的品系，不如说它更像一个总称。任何身型巨大、体格强健而且品性良好的大狗都可以叫作纽芬兰犬，它们是当时最优质品种的狗杂交的后代。尽管看上去像狼一样，拥有发达的肌肉群，但它们依旧可以保持轻盈敏捷的身手。它们属于探险家会选择携带的狗。近些年来，拉布拉多犬长得体型超大而略显行动笨拙，而在那个年代，它们中的一些就算不是那种天生就可以挽救落水儿童的能手，也绝对算得上是格外优秀的运动员了。

在拉布拉多犬分化成为独立的品系之前，一个世纪以来纽芬兰犬一直都像是超级明星。但一开始关于品系划分的标准还是十分模糊的。1823年，爱德温·兰西尔爵士画了一幅画，名叫《拉布拉多母狗“科拉”》，图画上的狗是一种介于黑白相间花纹的博德柯利牧羊犬和拉布拉多犬之间的杂交品种狗，耳朵自然松垂，体型适中，毛发也有些微卷。和兰西尔的许多其他画作一样，这一形象在随后的50年里被多次应用在石板和雕刻的作品当中。然而，相比兰西尔作品中纽芬兰人形象在意识形态层面的影响，其有关拉布拉多犬的作品则似乎并没有产生相似的效应。大约从这个时期开始，纽芬兰犬逐渐分化成为一个独立的品种，它们身形短小，毛色乌黑，并通过品种纯化最终成为我们如今所熟知的拉布拉多犬。

要想知道这一毛发乌黑油亮、尾形独特的拉布拉多犬品系的精确起源十分困难。理查德·沃尔特斯有一个开本呈咖啡桌大小的经典作品《拉布拉多猎犬》，里面充满了其对狗的无限喜爱，给人留下深刻的印象。他认为，这一品种主要来源于圣休伯特狗。圣休伯特狗起源于法国，体毛呈黑色，长相酷似指示猎犬。它们穿越英吉利海峡，并在德文郡附近的村庄被用来打猎，经过足够长时间的演化，几个世纪之后，在这些狗的身上已经看不到任何其法国祖先的特点了。斯科蒂·韦斯特福尔的日志《养犬人》是现存有关包括拉布拉多犬在内的狗的起源最权威的资料，他认为圣休伯特犬不能算是真正意义上的猎犬，而且水性也不是很好，它更像是一种侦探猎犬。

关于拉布拉多犬起源最有趣的一个说法是认为它们源于葡萄牙。无论是从它们的作用来讲，还是就其自身脾气秉性而言，再加上葡萄牙总统的亲口确认，葡萄牙水犬都可以算得上是拉布拉多犬祖先很好的候选者之一，并且它们确实在这里的渔场提供了非常有用的帮助。16 世纪，和英国人一样，葡萄牙人也十分热衷海上事业，他们在纽芬兰岛的鳕鱼渔场附近也进行长期作业，但不同的是，葡萄牙人更喜欢待在船上。从这些狗的长相以及它们的葡萄牙语名字来看，它们的祖先应该是“卡斯特罗·拉博雷罗犬”，这也是《养犬人》里更认可的观点。卡斯特罗·拉博雷罗犬来自葡萄牙北部，身体强壮，可以独自胜任照看牲畜的任务。它们毛发竖立硬挺，呈微暗的斑点状，从毛发和头部形状来看它和现在拉布拉多犬满处喷沫的样子如出一辙，尽管两者的性格毫无相似可言。来自美国自然历史博物馆的一位专家罗伯特·哈钦森在其《对拉布拉多养犬人的爱》一书中对拉布拉多犬的起源也做出了自己的推测，对一些不太寻常的细节现象进行了解释。正如英国的水手们带着相貌凶残可怕的马士提夫犬作为远航中的保镖，葡萄牙人的船队携带卡斯特罗·拉博雷罗犬在海上航行。可能有的人放弃水手生活，转而选择在岸上定居，零星地分布在纽芬兰沿岸的村庄周围，在那里，这些狗经过他们的调教逐渐从冷漠的高地狗转变为友善的水犬。由于只有坐船才能到达村庄，这里的狗也因而得以在一定程度上保持纯种交配。这就为拉布拉多犬名字的由来提供了解释——拉布拉多犬和拉布拉多省没有任何关联，它们的名字来源于葡萄牙语“Laboreiro”，意为“工人”，尽管“Laboreiro”这个词似乎来源于葡萄牙一个小镇的名字。这也同时解释了它们的长相问题，以及所有传闻中拉布拉多犬可能在许多村庄中都有所分布的说法。

1807年，一艘载有鳕鱼的双桅帆船由于大风天气在马里兰附近的海域发生事故，一位名叫乔治·劳尔的男子救下了中毒昏迷的船员和帆船主人，并请求船长让他带几只纽芬兰犬回去。劳尔写道：“雄狗的体毛呈暗红色，母狗则是浑身黑毛。它们的毛发短而密，就像现在我们熟知的拉布拉多犬那样。”劳尔用每只一基尼的价格买了几只纽芬兰犬，而在20世纪初拉布拉多犬第二次从英国出口到美国之前，这几只狗就成了切萨皮克湾猎犬的祖先，也就是最初的美国贵宾狗。乔治·劳尔对于这种从圣约翰港产出的供冒险家使用的犬类做了相关记述，也是目前最明确、最可信的一份资料。和其他一些描述一样，他认为纽芬兰犬的黑色皮毛只是某些狗的偶然现象，另有资料提到了带有白色或是棕色斑纹的黑色毛发，还有的提到了斑点状花纹以及其他一些样式的毛发。

有关狗的文献中最具影响力的当属彼得·霍克的《给年轻运动员的建议》，这本书于1814年首次出版，它是英国人痴迷田赛运动的发展史上早期的里程碑作品。霍克是一名出身高贵的军官，他喜欢在闲暇的时候一门心思地追捕水禽，几乎到了痴迷的程度。在他的日记中，霍克记录了他令人瞠目的猎鸟故事，详述他如何成功射杀或没能射杀一只小鸟。1809年，在西班牙的威灵顿公爵之战中他被毛瑟枪击中而负伤，子弹径直穿入他的大腿并致使其粉碎性骨折。尽管霍克的余生都在不断忍受着反复的病痛，但，每当完成当日部队里的任务后，他也依然不会放弃任何一次向鸟开枪的机会，这就是最典型的英国男人性格。在一篇日记里他这样写道："伴着烛光吃完早餐，一整天都在倾盆的暴雨中艰难奔走，最后成功捕获3只野鸡入袋，完胜其他所有射手，心满意足地回家吃掉其中一只。"霍克可以极为准确地使用鸟枪进行射杀，他射出的子弹与其同时代的人相比是最精准的，显然，他也是历史上最精准的射手之一。

有一个很关键的因素使拉布拉多犬成为一个独立的品系，那就是在霍克生活的那个时代，纽芬兰岛因板块漂移而形成了地理隔离。那时每个人都希望拥有一只兰西尔画中那样的满身绒毛、招人喜爱的狗，以至于在某种程度上，一只狗是否拥有强壮的体魄和出色的运动能力已经显得不如外表因素那样重要。霍克在描述那个时代的纽芬兰犬时鄙夷地描述道，“任何个头几乎和一头公驴一般大的、像熊一样毛发发达的犬科动物都可以称得上是一只优秀的纽芬兰犬”。要想找到它们的祖先还需追根溯源，并限定在某一特定种群的纽芬兰犬上。他还说道，“迄今为止，最适合用于打猎的就是黑色的狗，并且其体型不能超过指示猎犬的大小。这种狗的口鼻部非常长，胸部的颜色也非常深，四肢相当发达，毛发较短，而且平滑。和其他狗相比，它们的尾巴并没有那么的卷，动作十分敏捷且善于奔跑、划水和搏斗”。

我们今天所了解的拉布拉多犬和霍克的描述还是有些出入，比如它们的口鼻部短一些，而且不仅胸部颜色很深，腹部也同样如此。但除了尾巴是卷的以外，霍克的描述和斯特拉的长相几乎完全一致。在日记中，霍克惋惜地写道，由于一只3岁大小的狗患上瘟热，他不得不将其射杀。“这是一只真正的圣约翰品系的狗，它的头很长，皮毛如水獭般油亮，动作也十分矫健。它和那些毛发蜷曲、体型笨重，而且通常在大多数情况下会侮辱纽芬兰犬这个名字的畜生截然不同。”在就其智慧、忠诚、勇气及运动天赋等方面对这只狗做了一番赞美之后，霍克盗用莎士比亚的一句名言作为这只狗的墓志铭，“它是一只好狗，整体来说，我再也见不到像它那样的狗了”。

多亏了霍克，我们如今还能见到这样的狗。在曼哈顿，每三只被人们牵着的狗中就有一只是拉布拉多犬。或许，霍克应该是“斯特拉们”最重要的发明者。并不是说他发明了这一物种（如今拉布拉多犬的头部似乎有越长越短的趋势），而是他的描述成了模板，供后来的冒险家们参考，而他们也的确是这样做的。

19 世纪上半叶，品种纯度的概念还没有广为流传。隔离不同的育种品系，通过几代的改良，再杂交以获得品质最优的狗，这对于绅士阶层来说是一种艺术追求，并且仅限于这些贵族阶层。当时最流行的狗就是一种毛发平直的猎犬，它们也属于纽芬兰狗的一支，是一种和兰西尔画的科拉长相酷似的赛特猎犬杂交得到的狗。19 世纪《田野》的编辑约翰·亨利·沃尔什（笔名“巨石阵”），以及英国犬类最重要的发明者兰西尔都认为，赛特猎犬和指示猎犬需要养成能在关键时刻保持冷静头脑的能力，而对猎犬进行训练则会破坏这种能力的形成。“依我（沃尔什）个人的经验来看，对于拥有高度勇气的赛特猎犬和指示猎犬，让它们在找回猎物时保持冷静，这几乎是不可能的。”和霍克不同的是，沃尔什坚持认为赛特猎犬的嗅觉比圣约翰犬的要好，因此要进行杂交配种以综合优良的性状。至于圣约翰犬的优点，无论是卷毛的还是短毛的，唯一可以明确的是它们的水性极好，这要拜其蹼状脚趾和油光防水的外皮所赐。

沃尔什所著的《不列颠岛上的狗》上面记述的内容是至今依然广泛沿用的育犬戒律。和达尔文一样，沃尔什是一名绅士阶层出身的科学家。他受训成为一名外科医生，并且将其在科学探索方面的天赋应用到他热爱的体育运动中。和专为上层绅士撰写文章的霍克不同，沃尔什是一个推广者，他把上层社会对狗的钟爱传递到志存高远的中产阶级。而作为雅皮士的始祖，以及对机械装置情有独钟的业余爱好者，是他在设置弹匣时引入实地测试的概念，并促成了重要的技术改进。他自酿啤酒，撰写诸如射箭术和其他有关男性运动项目的书籍，并且推广了槌球戏。他还是一名专业的马术师，成立了全英草地网球俱乐部。但论及其对后世最具持久性的影响还要算是他对狗的研究。

和许多维多利亚时代的英国人一样，沃尔什最渴望秩序的建立。他希望给当时大量产生的新品种狗设立一个规则，使得育种文明化、规范化，并希望给当时越来越流行的狗展比赛建立一套评判标准。在酒馆以及其他一些底层人民的聚集地，非正式的竞狗比赛已经有相当长时间的历史。但在当时，胜负高低大多是由狗的外表或者谱系所决定，而非任何精神气质上的理想化标准。沃尔什希望可以通过实在的标准来规定孰优孰劣，而并非靠完全是一时突发的念头来主观臆断。

第一个史料可证的竞狗比赛是1859年由一位枪械生产商在纽卡斯尔组织开展的，该年也是《物种起源》出版的同一年，而这两者的出现也并非纯属巧合。当时参赛的只有两种品系的狗，一是指示猎犬，另一个就是赛特猎犬。到1867年《不列颠岛上的狗》出版时，英国上下都疯狂地迷恋竞狗比赛。沃尔什并不像独裁者那样武断、专制地施加规定，相反，在推行其标准的过程中，他勤于观察并且乐于探讨，这些标准都具有很高的审美水准。他认为，“猎狐犬的脖子应当修长而整洁，要是它的颈部满是赘肉，那就一点都不好看”。规则就意味着评分，于是沃尔什自创了一套评分体系以判别品种的优劣：头部5分，颈部5分，耳朵和眼睛共5分，脚和腿共5分等等，最后加在一起正好100分。第一届西敏竞狗比赛便采用这一评分规则，并且沿用至今。

在他的杂志《田野》中，沃尔什组织了一场持续很久的讨论会，论题就是关于竞狗比赛的规则该如何完善。其中的一位读者认为，之前那只获奖的西班牙猎犬名不副实，它尾巴翘起来的方式并不像正常西班牙猎犬应该有的样子。对于这位读者的不同意见，该狗的主人告诉他说：“这个问题问得好，在芜菁地里打猎一般看不见狗的身子，但如果它尾巴翘着的话你便可以知道它在哪了。”每个人都以一种维多利亚时代的精神不断美化自己的狗，并且每个人都对自己的品种改进能力充满自信。在仔细观察了许多以前的英国赛特猎犬的画像后，沃尔什得出结论，我们这个时代的狗远比我们的祖先所拥有的要好。尽管他并不否认，这很有可能是由于当时养狗人的技术欠缺而并非狗的品种低劣造成的。而且，19世纪的养狗人总是胸怀远大，希望培养出想象中的完美的狗。一位读者曾这样写道：“最完美的赛特猎犬？不好意思，我还从没有见过呢。”

沃尔什似乎并不认同杂交育种会被逐渐淘汰。他认为这是改善品种的一个途径，并且是冒险家们的“兵工厂”中一个非常重要的武器。任何必要的手段都可以用来为培育优质品种的狗服务。“种内交配”，即在血缘关系非常近的家族中进行交配具有潜在的危险，

《田野》的读者对此也都表示认同。

他们还激烈地讨论了有关谱系的重要性。1865 年就有一场关于一只名叫肯特的哥顿塞特猎犬的争论。肯特嗅觉灵敏，勇气可嘉，外表俊秀，算得上是那个时代最优秀的猎犬之一了。但问题是它并不属于某一特定的品系。一位自称“经验丰富的犬类专家”的读者认为，鉴于此，肯特不能用作种狗进行繁殖育种。这位“经验丰富的犬类专家”写道：“谱系决定一切。”尽管肯特和大约 60 只母狗有过交配，但它后代的体毛上只有一条次级带纹表明它们是肯特所生。如果不是像贵族阶层都喜欢饲养的那些狗一样，拥有一段很长并且为人所熟知的优质历史，那么谁会知道一只狗是谁和谁杂交出来的呢？而肯特的拥护者则极尽华丽之辞藻赞美肯特，并且他们反驳道，可能是因为“经验丰富的犬类专家”的赛特猎犬鼻子扁平没能博得裁判的喜爱，所以他以此发泄心中的失望情绪罢了。然而，竞狗比赛已经不仅限于是绅士阶层的一种喜好，它已经成了一项产业，在此环境下，事实上每个人都渴望狗的优良性状可以不断传承。因而那些可以确保繁殖出优秀品种后代的狗就会迅速在市场上卖出一个惊天的高价，而保证传承的一个途径就是科学育种。

18 世纪，动物育种已经成为一门科学，这在很大程度上要归功于一位名叫罗伯特·贝克韦尔的农场主。他的农场位于伦敦北部 100

英里，专给城市提供肉制品。贝克韦尔希望优化他家里畜养的莱斯特绵羊的品种，他还把这些羊戏称为“可以把草变成钱的机器”。贝克韦尔对羊毛并不感兴趣，这使得受他雇佣的牧民感到困扰不已，因为他们既卖羊肉也卖羊毛。他采用控制变量的方法进行试验，他给母羊喂食等量的饲料并观察它们的体型变化，再对其中长势最好的母羊进行繁殖，以此来大量生产肉质更加丰满的绵羊。据说，他的羊有的胖得长宽一样。有时，他的羊由于腿过短而导致它们无法给小羊喂奶，于是他不得不再倒回去重新培育。贝克韦尔始终都没有让同一品系的绵羊进行交配，而是采用异型交配的办法来获取更多的性状。但其实种内交配才是传承动物优良性状的一个非常重要的手段，这样可以确保他持续获得所期望的优良性状。

为了获得更加优质的绵羊，贝克韦尔颠覆了牧师采用的传统育种途径，并且在很大程度上产生了不可逆的影响。他在选择性育种方面所做出的贡献给畜牧业带来了一场革新，并且是对达尔文自然选择理论的一次成功检验，昭示了个体变异产生的影响可以在短时间内被迅速放大。贝克韦尔的这些长相古怪、体形肥胖的绵羊启发人们培育出其他一些不同寻常的牲畜，例如 19 世纪初乔治·斯图布油画里拖拉机大小的猪和奶牛。并不是每个人都赞同把这种不具有美学价值的做法应用到狗的身上。但为了获得稳定的性状，这项技术得以沿用。

当古代上层社会的“谱系”观念与动物的选择性育种理论相融合，“纯种”这一概念便应运而生。在狗的世界里也产生了和人类社会相类似的尊卑贵贱等级之分，尽管这种变化有些缓慢，但它确实发生着。一位评论家曾这样写道："无论一只狗的体形有多漂亮，运动能力有多出色，如果不属于任何一个谱系，那么它也远比不上一只纯种谱系的狗有价值。令人惋惜的是，人们越来越认可谱系的重要性。"

虽然纯种狗暂时还不是荣誉人类，但它们已经越来越接近了。狗的品系优化过程是一个乌托邦式的理想化实验，是美好社会的模型。随着帝国的不断扩张，英国人对阶层、种族和社会流动性的焦虑，使他们不得不和自己不愿产生关联的人进行接触。狗的世界反映出这种不断深化的歧视观念：杂种狗是未开化的，属于底层社会，是一种本不该出现的偶然现象，因而应该将其消灭。自称"爱狗"的人类创造了严格的等级体系，将狗类的世界系统化。人们成立养犬俱乐部，以防购买者买到杂种狗而受到欺骗。于是，作为饲养员惯用的、可以确保动物健康的传统方法——异型交配就此被淘汰，取而代之的是后患无穷的种内交配。

1873年，在沃尔什的悉心指导下，养犬俱乐部的首次狗展比赛在西德纳姆的水晶宫成功举办。沃尔什在《田野》杂志的同事之一弗兰克·皮尔斯受邀参与编著该杂志出版的第一本血统簿。这本书非常厚，足有600多页，它所要追求的远大目标也足以配得上这样的厚度。皮尔斯写道，"这本书就是为了填补历史上关于狗类历史的空白"。

皮尔斯向3500人发出了请求来确定系谱，并最终收录了4000

种不同的狗。只有最优等的狗被允许繁衍后代将基因传递下去，以进一步缩小基因库的范围。尽管这花费了几十年的时间，但最终，被皮尔斯选入系谱的狗类比那些被拒之门外的狗类更有机会去繁衍后代。不可否认，当今美国和英国的狗祖先之中有相当大的比例是来自于系谱上的这些狗。在皮尔斯之前，系谱这东西也就是个讨论的话题，它并不能决定一切。而在他之后，系谱成为狗类世界的主角，有了它就有了保证。以前那种“有你的一份也有我的一份，改良是艺术甚于科学的杂交配种方法”在后来都遭到了社会的遗弃。

1877年，美国的第一届西敏养犬俱乐部狗展比赛在纽约的麦迪逊广场花园举行，这是在英国举办之后的第四年。这次比赛总共约有1200只狗参加，并采用了沃尔什的评判规则。举办方鼓励参赛者采用纯种品系的狗竞选，但他们并没有进行硬性规定。其中有的狗大有来头，比如卡斯特将军的一双狩鹿猎犬，1876年6月，卡斯特将军在小大角战役中阵亡后，这两只狗变成了孤儿；又如一只只有两条腿的狗，一位当时的观察家描述它是一只“拥有近乎人类智商、名副其实的双腿狗”。人们对这次盛会充满期待，麦迪逊大街小巷上挤满了前来的马车，每个参赛者都将自己的狗盛装打扮，它们的狗也都摆出一副很有教养的神态。人们给予那些得了奖的狗至高无上的评价，成为超级明星体系的开端，而这一体系将会造成严重的基因危害。新闻工作者们用漫画的形式对这一狂热现象进行了讽刺，人们疯狂地迷恋上培育样式新颖、与众不同的狗类，而许多观察家也对此表示了担忧。

在沃尔什的杂志《田野》中也展开了一场争辩，讨论了竞狗比赛重外表而轻能力会造成的危害。一位育犬猎户对这一现象深表遗憾地说道，“狗展比赛简直是这世界上最糟糕的主意，狗的品种全都被毁坏了”。这位猎户接着提供了一个培育优质猎犬的方案：将一只性格温和的大猎狐犬和一只赛特猎犬杂交，再将它们的后代和一只上等品种的圣约翰犬结合。他并没有对杂交出来的狗的模样加以描述，因为对他们猎户来说，狗的长相不那么重要。

这种相对现代的造狗方式很快便以惊人的速度消失在人们的视野中。人们逐渐回避相关话题，而沃尔什和其他一些人也继续制订着一些规则，到 19 世纪 70 年代以后，有些规则在定义狗的品种方面已经具有越来越强大的约束力。仅仅几十年以前，人们关注的热点还是培育更加优秀品系的狗，而如今人们又将目光转向过去，希望可以保留住原有狗的品系以及传统的育种方法，无论这些方法有多烦琐。

令人颇感意外的是，在那几十年里，名望很高的拉布拉多犬却并没有卷入整个育狗大潮当中。将拉布拉多从这种命运中解救出来的一个原因是拉布拉多犬太过平庸（对不起，斯特拉），它们并不像其他亚种的狗那样拥有平滑的毛皮和优美的步态。它们没什么好展示的，作为打猎的工具，拉布拉多犬只是功利主义下的产物而已。

沃尔什写道，“在英国，拉布拉多犬的用途大多局限于帮助主人取回猎物，因而它们并不能算是展示型的犬类”。另一方面，拉布拉多犬是贵族阶层的象征，虽然它们朴实无华，但那些最忠实的拉布拉多拥趸们绝不会考虑让它们参加那些如此普遍低端的狗展比赛。因此，拉布拉多犬的地位和那些在19世纪被创造出来且不断得到完善的狗类来说有些许的不同，因而它们得以幸免，不用承受品种改良压力带来的危害。

在我探寻其祖先的过程中，看起来最不可思议的一点就是，斯特拉的贵族血统和它在田纳西的出身背景以及拉布拉多的朴实正直，和它的样子完全不符。然而，从许多角度来讲，它又是上层社会的产物。事实上，拉布拉多犬是一些社会上层家庭的钟爱之物，而且是属于英国那种最富有的家庭。

6月，我来到了斯特拉祖先最豪华的一个住处，在苏格兰度过了最大开眼界的一个星期。这里依然生活着斯特拉的族谱中那些继承了其祖先所有特性的主要近亲。尽管我曾读到过有关这里的描述，但眼前的这一切对我来说依然显得有些猝不及防。坐落在苏格兰边境城市敦夫里斯郡附近的昆斯伯里庄园坐拥9万英亩的土地，不仅是英国面积最大的私人所有土地，还是巴克卢第十公爵所拥有的四个庄园之一。庄园的中心是由17世纪粉红色石灰岩铸成的拉姆兰里格城堡，呈结婚蛋糕的形状，四周有别具一格的花园和来自世界各地不同品种的珍贵树木。整个城堡像一个旧货商店一样，里面摆满琳琅满目的无价之宝——有的需要近观，有的可以把玩，有的则要细细品鉴，每件东西的制作水准都超乎想象。其中包括荷兰画家伦勃朗和德国肖像画家荷尔拜因的作品，有18世纪时包括食用油在内的系列高端家庭用品，还有一些手工艺品，它们曾经属于拿破仑、路易十四以及在其著名逃亡途中于这里留宿一晚的英雄邦尼王子查理。在拉布拉多犬到来之前，这里举行派对已经有一段时间了，并且狗类也早已成为其中不可或缺的一部分。

说我们家庭的一位成员是出身这里的贵族尽管听起来有些荒唐，但这就是事实。可以说，世界上所有的拉布拉多犬都是来自英国贵族阶层最高级别家庭豢养的一小部分宠物狗。

后来，英国资产阶级也开始对育狗产生了浓厚兴趣，在此之前，只有贵族阶层和修道士才畜养某些特定品种的狗。18世纪，巴克卢的公爵们对于丹迪丁蒙梗狗的出现做出了十分重要的贡献。巴克卢的公爵们在其位于苏格兰边境鲍希尔附近的庄园里设置陷阱捕捉到了一只吉卜赛人的狗，而丹迪丁蒙梗狗的一部分血缘正是来自这只狗。1770年，盖恩斯伯勒给巴克卢第三公爵画了一幅肖像画，画中的公爵双手环抱一只梗狗，从其面容来看，显然他对这只狗爱不释手。毫无疑问，第三公爵对这些梗狗偏爱有加，然而它们真正的缔造者却是鲍希尔的猎场看守人，正是他将奥达猎犬和苏格兰当地的梗狗进行杂交，对其后代悉心照料，并完善了其品系。

和霍克上校差不多同时，巴克卢公爵们也让拉布拉多犬成为他们日常生活的一部分，并且理由也是一样的：巴克卢公爵们同样热衷于打猎。巴克卢第五公爵常在其敦夫里斯郡、朗霍尔姆和鲍希尔的庄园打猎，因而构成英国当时狩猎贵族的北部主要分支，而他的好友马姆斯伯里伯爵则与之相对应地构成南部分支，伯爵的祖宅赫仑宫碰巧就在 5 英里外的普勒港。尽管有待考证，似乎是马姆斯伯里伯爵缔造了巴克卢犬。1835 年，巴克卢第五公爵开始自己饲养拉布拉多犬。4 年后，他乘坐私人的纵帆船将他的拉布拉多犬“莫斯”带到了那不勒斯。一同随行的还有休姆勋爵和他的狗“德雷克”。巴克卢公爵早期带入英国的狗还有“乔克”和“白兰地”。有关“白兰地”这一名字的由来，在一次穿越大西洋的航行当中，这只狗奉命下水去取回一位水手的帽子，它在冰冷的海水中待了足有两个小时，最后人们给它灌了一点白兰地酒，它才得以活过来。当然，这只是人们茶余饭后的谈资。

1866 年，第五公爵给自己的狗拍摄了一些照片。其中一张的主角内尔在拍照时很可能年事已高，而这也成为专门为拉布拉多犬拍摄的最古老的一张照片，或者按照斯科蒂·韦斯特福尔《养犬人》中的说法，有可能是最古老的一张圣约翰犬的照片。内尔含有一到两条和斯特拉相似的染色体，因而它们长得有些相像。同时代的一些狗大多也长相相近，身子细长，口鼻部呈白色，一副很精明的样子。它们不炫耀也不浮夸，都是普普通通的狗，所以几十年里也没人想起用它们去参赛展览。

自霍克以来，在纽芬兰很少有人能见到真正的拉布拉多犬，也正是由于比较稀有，它们才更加充满魅力。殖民人口的增长使得纽芬兰变得不堪重负，而拉布拉多犬却被看作是殖民主义下真正有价值的产物。这种价值得益于它们几百年来的传奇历史，并且一般的育犬者也很难真正体会到它们的优秀之处：它们善良、忠诚，并且大多数在经过训练后便可以记忆方位。

19 世纪的上流社会家庭十分钟爱打猎。他们将其看作是一项神圣的活动，因为打猎使得他们本来百无聊赖的贵族生活变得不再单调乏味，而且在自己的庄园里打猎让他们觉得拥有大片的土地不是一种浪费。而猎犬在其中起着无可替代的作用，是它将贵族们和他们的打猎生活紧密地联系在一起。从苏格兰产出的狗，品种优良而且不计其数，时至今日，它们当中的许多依然是最受人们欢迎的品种。拉布拉多犬一直是其中最特殊的一个，即便是在之后的几十年中也是如此。究其原因，巴克卢公爵和他们的一些朋友对这种狗情有独钟，他们似乎觉得内心有一种要保留住这个狗种的冲动，像传世之宝一样悉心照料着它们，而这也正是这些贵族阶层所擅长的。

血统簿的原版保存在距离纽卡斯尔南部不到一公里处的巴克卢公爵庄园办事处的保险柜内。这本书大约 4 英寸厚，用纹理清晰的上等黑色皮革作为封皮精心装订成册。办事处的一位女士将它从保险柜内取出来后递给了我，于是我选择坐在一间安静的会议室内，用手指比画着在书上一点一点地寻找斯特拉的祖先。这本书和《圣经》有得一比。一段用黑色墨水的钢笔并以雄浑有力而不失优雅的笔触写成的文字记录了拉布拉多犬的真实起源。位于系谱金字塔尖的就是传说中它们的祖先内德和埃文。同和它们具有一半相同基因的内尔一样，系谱上的这些狗也都要归功于马姆斯伯里伯爵。1887年，马姆斯伯里第三伯爵在给巴克卢第五公爵的一封信中写道："我喜欢把它们叫作我自己的拉布拉多犬。有一次我在普乐港和纽芬兰人做了一大笔生意，并从他们那儿带回来了我的第一只拉布拉多犬，在这以后，我就尽可能地让它们保持纯种交配。而世人对于真正的拉布拉多犬得以了解，可能是因为它们拥有密实的皮毛，水可以像油一样流畅地从中滑过，更重要的是，它们还拥有一条像水獭一样的尾巴。"

马姆斯伯里第三伯爵的拉布拉多犬成为巴克卢第五公爵狗舍里的明星。1931年，后世的一位巴克卢公爵委托人编著了《巴克卢拉布拉多犬史》，里面提到："当内德最初来到朗霍尔姆小屋时，它就显示了自己优于其他所有狗类的特性，而埃文甚至比内德还要出色。"内德和埃文都是由内尔哺育长大的。贵族们从未将任何一只拉布拉多犬卖掉，他们只是相互赠送，以扩大这一种群的体系。在这间安静的屋子里，我坐在桌边仔细地翻看着这些狗的名字及与之对应的种系。埃文和特里克生下了内德、内普和尼罗；内德又和黛娜生下了鲍勃、赫克托和尼罗；巴伦和贝丝二世生下了凯普汀、克里克、科拉和丘比特。不久之后，在20世纪初，有了一条叫斯特拉的狗。可怜的孩子，它只活了几年的时间。

对于一般的狗类，英国的贵族阶层只是把它们当作娱乐消遣的对象，他们喜欢带着这些狗参加各类热闹非凡、充满刺激的狗展比赛，并将类似这样的活动视为一种潮流。然而，从未有过任何一只拉布拉多犬在任何时间参加过任何的展示比赛。《巴克卢拉布拉多犬史》中也证实拉布拉多犬从未有过任何的展出经历，它们对狗展嗤之以鼻，你几乎可以听见它们不屑的鼻息声，似乎暗示贵族阶层并不愿意让拉布拉多犬参加这种所谓的盛事。它们已经属于公爵们日常生活的一部分，这就足以证明它们的不同之处。

巴克卢公爵将他的狗分发给一群拉布拉多犬爱好者，而且拉布拉多犬爱好者还在不断地增加。除了休姆伯爵和温伯恩勋爵之外，又出现了一些新的名字，而且他们其中也不全是贵族阶层。1903年，拉布拉多种终于得到认可，被登记在了养犬俱乐部的品系名单之内，并随后得以首次展出。而在当时，它们仍然是一个很稀有的品种。1908年，一位育犬人在挪威的一个码头看见一只皮毛浓密粗糙的狗，长相酷似拉布拉多犬，于是他立即买下了这只狗以扩充自己狗舍中的狗的品系。

一次，温伯恩勋爵将自己的“公爵夫人”和拉德克利夫少校的“海神”进行交配，意外得到了一对黄色的小拉布拉多犬。于是便有了一个新的亚种——黄种拉布拉多。曾经，巴克卢公爵们还偶然培育出过诸如朱古力颜色的狗。这些仅仅是由于一两个基因产生变异而意外产生的亚种在拉布拉多犬史上被给予了相当高的地位，并拥有极高的品系特权。

20世纪初，所有拉布拉多犬群落的成员加在一起数目依然很少，这将意味着，作为种内繁殖最频繁、同时也是种系遭到最严重破坏的犬类之一，它们将面临绝种的危险。而事实上，近亲繁殖依旧普遍存在。由于拉布拉多犬在狗展比赛上并不吃香，所以人们很少将注意力放在对它们的外观进行改变和完善上面。相反，人们在训练上更下些功夫，让他们的狗拥有出色的田间能力，即捕猎和取回猎物的能力。查尔斯国王花费很多精力培养西班牙猎犬以及英国斗牛犬，然而很少有人煞费苦心地对拉布拉多犬的外表进行美化，比如它们的头部，等等。公爵夫人豪·洛娜是一位拉布拉多保护主义者，她对1916年不列颠拉布拉多育犬协会的成立起到了至关重要的作用。她反对将狗分成展示用狗和田间用狗，并产生了一定程度上的社会效应。一提到拉布拉多犬，人们依然还是会自然而然地将其与捕猎犬联系在一起，还有许多育犬人都抱怨美国养犬俱乐部的比美大赛对拉布拉多犬确有不公，但他们没有意识到，这对拉布拉多犬来说其实可能才是最好的。

自拉布拉多犬的出现开始，在随后的几十年里，公爵们的生活方式发生了一些变化。庄园生活依旧十分奢华，巴克卢公爵的财产在本质上已经相当于一个企业，其中包括农耕、捕猎以及他们的地产收益。打猎已不仅仅是一个娱乐项目，而更是一种商业活动。旁边的小村庄桑希尔也逐渐发展起来为拉姆兰里格城堡提供服务，在那里，一位村民告诉我说："他们聘请专门的会计师来打理他们的庞大产业。"

自19世纪90年代开始持续运营以来，庄园的狗舍已经成了一笔无比巨大的开销，甚至连公爵们都难以维持下去。2002年，截止到当时的公爵死去时，庄园里只剩下一只可以进行交配的拉布拉多母狗。巴克卢公爵庄园分管捕猎业的经理罗伊·格林说道："公爵的这只母狗名叫米莉。"格林制订了一份商业计划，以期重建狗舍。为此他聘请了英国最好的训狗师之一大卫·利塞特，在英格兰和爱尔兰通过他现场指挥的西班牙猎犬都获得过实地追猎选拔赛的冠军。他这次精心挑选了一只狗与米莉交配，开启了在庄园恢复拉布拉多犬数目的伟大事业。

7月一个温和的午后，我驱车行驶在古罗马时铺设的路上去拜访利塞特和他的狗。和城堡周围的大多数附属建筑物一样，利塞特的房屋也是由当地的石材建成的。透过厨房的窗户，可以看到一个绵延20英里的山谷，山坡上树木稀少，只零星地散布着几只绵羊。利赛特脱下惠灵顿防雨呢外衣，把我领进了客厅，开始给我讲述有关这些狗的故事，它们都是斯特拉久逝的亲戚。和许多人一样，利赛特可以通狗性，相比与人交往，他似乎更愿意和这些狗待在一起。他用一口浓重的苏格兰口音和如海狮般洪亮的嗓音说道："米莉之前还是仅存的最后一只，现在它已经成为眼前这些狗的祖辈，也是公爵家族最喜爱的一只。它一般会待在狗舍里，但如果公爵和他的一家回到昆斯伯里庄园，米莉就待在公爵家里。”

利赛特来到庄园时米莉已经7岁大了。（利赛特曾经是一位猎户，他正是在打猎的过程中逐渐对驯养拉布拉多犬产生兴趣的。）直到20世纪70年代庄园才聘请了第一位训犬师。他说道，“我对此倍感压力，因为无论成功与否，米莉都是我们唯一一只可以用来交配的母狗。”他们找来了一只叫格林的公狗和米莉进行了交配，并成功产下3只小狗。其中的一只还成了巴克卢公爵第一只参与实地追猎选拔赛的拉布拉多犬，并在英国获得了4个冠军。他接着说：“外面这几只刚生下来的小狗崽，从米莉算起已经是第四代了，我得抽空给它们起个名字了。”一位年轻的狗舍服务人员正在照看这些在庭院洒满阳光的围栏里玩耍的狗狗们。利赛特带我参观每个狗舍，路过了成排成排的狗棚。狗棚由地热供暖，里面的温床都配有摄像头，这样公爵们就可以在自己的笔记本电脑上看到这些新出生的小狗。

巴克卢公爵冠军拉布拉多犬成员之一的莫斯和包括西班牙猎犬和其他拉布拉多犬在内的十几只狗一起被圈养在狗舍外边的一个栅栏里。里面几只年龄较小的狗趴在篱笆上，想要舔舐我们的手。这些狗需要利赛特的特殊关爱，因为它们正处于训练期当中。每当利赛特呼唤莫斯的名字，莫斯就身体向后一缩，然后猛地向前跳到他的身边。莫斯不仅捕猎能力出色，并且性格开朗活泼、谦逊温和。在一块长约150码、已经被修剪完好的高茎草地的旁边有一群用篱笆围起来的兔子，而经过训练，狗要学会控制自己不去侵扰这些兔子。

穿上粗花呢套装和惠灵顿防雨呢的利赛特从远处看有点像军人。他大喊了一声“准备”，莫斯立刻将耳朵竖起，抬头望着他等待指示。“它知道自己将有任务了。”利赛特说道。接着，他大喊一声“去吧”，莫斯便立刻向山下跑去。利赛特又吹了一声长哨，远处的莫斯立刻停住，回头等待新的指示。他向左边指去，莫斯像被无线电遥控般乖乖地跑进了一个灌木丛，仔细地用鼻子嗅着，做出一副寻找小鸟的样子。

过了一会儿，听到利赛特的口令，莫斯驻足回望，然后跑了回来。接着又是一声“去吧”，莫斯向山顶跑了100码左右，越过一面几米高的石墙，然后回到了我们这里。作为奖励，莫斯用后腿直立起身子，让利赛特抓了抓它的耳朵，它的尾巴便高兴地摇个不停。看过这次精彩的训练演出，我不禁感慨，并为斯特拉没能得到如此正规的训练而感到惋惜。但我深知，同时也很期待，斯特拉依然保存着像利赛特这样的训犬师给先前的拉布拉多犬注入的类似基因，这样只要有人善于调教，它也一样精明能干。

后来我穿过城堡，从一个悉心打理的花园旁边进入了树林。花园远处一棵高耸的柳树下面是一块小型的墓地，用来埋葬巴克卢公爵家族的狗。和庄园里其他树木一样，这棵柳树的长势令人难以置信的好，犹如一座浅绿色和土褐色相融的大教堂般宏伟高大，阳光穿透它如蝉翼一般轻薄的叶子洒落满地。在交织的腐叶和折枝中间，竖立着十几座墓碑，其中的一些已经部分地被苔藓覆盖，使得人们很难看清上面刻的名字。我忽然感到阵阵忧伤，内心隐隐作痛，这忧伤正是源自这些死去已久的狗。这些狗曾被巴克卢公爵和他们的仆人深深疼爱着，它们死去后，依然有人专门照看着它们的墓碑。尽管这些石碑不及不远处路边的小教堂里的大理石那样华贵，但却依然彰显出神圣与庄重。

正当英国的狗欣欣向荣时，纽芬兰人的传统生活发生了变化。19 世纪末，由于鳕鱼产量的下降，英国政府开始试图将纽芬兰变成他们畜养绵羊的理想之地。从此便没有人再谈论狗的优点。在 1883 年出版的一本记录纽芬兰历史的书中，我们可以看到，显然，过去那些伟大的狗已经消失在人们的视野当中了，尽管狗的本身可能并没有发生什么变化。作者声称，“这些卑鄙可耻的杂种狗，它们胆小怕事、行为鬼祟，而且还将捕杀绵羊作为癖好”。1885 年，纽芬兰通过了一项关于狗类交易的高额税票，并且对于母狗的税收要高于公狗，因而人们通常会将母狗杀死。1895 年，议会还通过了一项建立在之前起草的临时性条款基础上的法律，要求所有进口的狗（甚至包括来自加拿大的狗在内）都要经历为期半年的检疫隔离。

然而，在随后的几十年当中，人们对于纯种狗的追求并没有因此停下脚步。1970 年，法利·莫厄特出版了《狼别哭》和《逐鹿人》，这两本书和其他一些加拿大籍作者撰写的编年史资料一道，试图找寻真正的圣约翰犬。莫厄特成功地找到了一只来自纽芬兰的黑色圣约翰犬，名叫艾伯特，它有一个白色的宽厚胸膛，而且和内尔满处喷沫的样子十分相像。不幸的是，他没能找到一只纯种的圣约翰母狗，所以只得将艾伯特和一只拉布拉多母狗进行交配，共产下四子。其中的两只母狗都死了，剩下的一只公狗送给了皮埃尔·特鲁多，另一只公狗给了苏联高层柯西金。

大约在同一时期，理查德·沃尔特乘船来到大布路瑞特，这里是纽芬兰南部沿海城市的一个小村庄，只能从水路到达，当时传闻这里有两只纯种的圣约翰犬。事实上确有两只上了年纪的狗，一只13岁，另一只已经15岁了。狗的鼻口部呈白色，它们看起来十分聪明，由一位85岁的老汉饲养，并且老汉的父亲和祖父也都曾驯养过水犬。这两只狗和大多数上了年纪的狗一样比较贪睡，但它们依旧喜欢跟在棍子后面跑。或许，古老的圣约翰犬已经从地球上消失了，又或许它们并没有完全消失。

拉布拉多犬用了几十年的时间重新回到了大西洋彼岸。但是在20世纪的前半叶，那时美国富人开始探寻新的生活方式，他们最想去的地方就是那些风景秀丽且洋溢着古老气息的英国乡村。在20世纪20年代末的英国，拉布拉多犬是最受欢迎的猎犬。但是据沃尔特所说，当时在美国登记过的拉布拉多犬只有 23 只。在爵士时代，亲英被视为是大富大贵的标志，而拉布拉多犬是一种地位的象征，它是英国皇宫贵族的最爱。有人认为，在那时富翁的豪宅里，如果没有一个养狗场和一个负责照看它们的苏格兰饲养员，就称不上是一个完整的豪宅。埃夫里尔·哈尼曼是位石油大亨的儿子，也是美国的富豪之一。他曾在 1913 年引进了一位苏格兰猎场看门人来看管他在纽约北部的一块地产，这在当时的美国公爵中较为流行。在 20 世纪 20 年代早期的时候，他得到了第一只拉布拉多犬，数年之后，他开始经营起一个功能完善的养狗场。再加上他在华尔街的业务和他在公共服务领域事业取得的巨大成就，这使得他成为当时美国体育界最有影响力的人物。不仅如此，他在推广纯种马赛马比赛的过程中功不可没，他也策划和开发了位于爱达荷州凯彻姆市的美国西部第一大滑雪胜地——太阳谷。当埃夫里尔·哈尼曼前往华盛顿并开始效力于富兰克林·罗斯福时，他那些由苏格兰驯养师托马斯·布里克斯照看的狗崽们又找到了新的消遣方式，那便是在草地上拽着彼此的尾巴跑。

第一次用拉布拉多犬来狩猎的场面要比从前古时候的英格兰壮丽得多，其间有着不计其数的狗来参加驱逐赛跑类游戏。但是在美国，却没有那种在英国如群岛般密集的乡间房舍或者丛林小屋，那样则是典型的英国拉布拉多犬所居住的环境了。美国的拉布拉多犬从它们的英国同宗身上进化而来的田径天赋常常用来与诸如切萨皮克湾猎犬的美国狗相比，比如在追捕野鸭时。美国的拉布拉多犬体形会更加庞大，行动会更加迅速与敏捷，以便适应美国狩猎时艰苦的环境与条件。而这些特性似乎也被传承至今，虽然斯特拉显得有些娇小，但它的肌肉也是与英国狗如出一辙的，而我在苏格兰看到的那只狗则大相径庭。

《自然》杂志曾在 1938 年 12 月 12 日将哈里曼的一只在现场比赛中获得冠军的拉布拉多犬刊登在其封面上。这是一个典型的美式成功，一个增加其销售量的好办法。然而直到第二次世界大战之后，拉布拉多犬和其他狗才开始真正地在数量上爆发起来。乡下的理想生活典范就是，开着两辆车，带着两个孩子，再带上一只狗，而拉布拉多犬因为其活泼、友善，亲近孩子的性格和温顺的脾气，既可以作为一个好帮手又可以自己享受慵懒的生活，而成为旅行时坐在旅行车后面的不二之选。我的爸爸妈妈在 1959 年从一个小规模的饲养场里买回了他们的第一只拉布拉多犬，同年，一只叫作金巴克的狗被印在了美国的邮票上。我的哥哥给我们的这只狗起名普茨，那时候它只有 3 岁。普茨可是个游泳健将，后来它还生了好多只小狗，再后来长了白胡须，老年时体态也不可避免地变得臃肿。从这里开始，拉布拉多犬走进我的生活，也是从这里，斯特拉接过这条纽带。

第十一章

超越种族

就像我们知道的那样，维多利亚时期的人对狗的概念的重塑引发了一场消费革命。这场革命全是关乎品种。当你买了一只拉布拉多犬或者腊肠犬或者西部高地小猎犬，你知道你会得到什么。除此之外，在美国养犬俱乐部和其他相关育种者的专业帮助下，你一定会挑到一只具有悠久历史渊源的宠物，它的品种一定经得住时间的考验。

但是事实上如今的品种细化跟过去的很不一样。一个10月的周末我参加了美国养犬俱乐部在纽约杰维塔会展中心举办的关于育种的活动。在那里，约有160个品种被展出，展位中间还摆放着各种狗类用品和食品：有机健康保健品，可咀嚼的犬用牙膏。这次活动的目的是将品种和它们的原产地联系起来。查理士王小猎犬的身后是一大幅照片，照片上的城堡被森林所包围——看起来很像巴克卢庄园。身姿修长而优雅的俄国狼狗卧在枕头上，上面支有帷幔，它们最早被沙皇所养。一个身着苏格兰花呢裙的男人手持一根牧羊人曲柄杖，身边是一只机警而自信的设德兰牧羊犬，像小柯利犬一样。那个人告诉我说，如今这些狗已经不怎么牧羊了，但有时它们会在高尔夫球场放鸭子。

狗被繁育成各种大小不一的身形，以满足维多利亚时期对犬类的各种需求：有捕鼠犬、牧羊犬、猎狼犬、警卫犬等。但是事实上现在已经没有狗再去履行它们以前的职责了。人们现在饲养它们大多是为了跟随潮流而不是因为它们的用处。一代代育种者费尽心思地让狗的品种更纯，当然这都取决于他们自己的喜好。但是近几十年里，育种界的权威、狗类世界当之无愧之王——美国养犬俱乐部的规模却在缩水：一方面是来自其他机构的竞争，另一方面维多利亚时期依据狗类所扮演的角色育种的观点仿佛离现代社会已经相当遥远。

大多数狗品种的出现都依赖于一定的历史背景，比如当人们原来的田园牧歌式的生活转化为工业革命后的工业化生活。狗各种各样的品种更像是对自己的终结——狗类为了自己，而不是过去的重要遗留、关键继承。关于乡村生活的幻景，养犬俱乐部已经坚持不懈地推广了130余年，这个话题真是老掉牙了：究竟要保留什么呢？他们自己的文明力量，他们与一般城市居住者的差别，只是上升阶层自己对自己讲的故事罢了。但是现在我们已经知道很多这样的故事的结局了。狗没什么用，它们只是人们的众多爱好之一。

更糟的是，血统就是精良品质的保证这种观点在很多情况下是空洞而错误的——就像许多经销商会告诉你的一样，任何品种都有问题。早在20多年前，育种的封闭和监管在很大程度上是以狗的健康为代价的，至今这仍然不言自明。维多利亚时期的人所接受的种内繁殖——这种做法恐怕会使18世纪的畜养人和达尔文大为惊骇——是为保证获得一致的品相必须付出的代价。伴随着两次世界大战，人口剧减。人们因为还有自己的家人需要养活所以不想再养饭量很大的大型犬，这种效应也使人们饲养的狗的数量剧减。

现在人们谈到品种灭绝，好像狗的品种跟人类的种族一样，会随着时间的推进而完善进化。在极少的特例中，那可能是真的。但是在其他情况下，事情会复杂得多，人们需要想象力来使真正想要的品种得以保留。狗的品种很容易被重新创造，而那些看起来好像不能改变的狗品种实际上正是人类不断干涉的结果。在 20 世纪 30 年代初期，葡萄牙水犬由几只拥有特殊性状的狗重新繁殖出来。许多人声称，这是成功的异型杂交的结果。所以，对狗种类的发明从没有真正停止过。

我还在英格兰的时候，曾去拜访杰米玛・哈里森，她 2008 年的纪录片《纯种狗曝光》对养狗世界是一枚前所未见的重磅炸弹。影片里包括犬类所受痛苦的真切场景和犬类手术的画面，这部电影绝对称得上是一部力作。但是有趣的是，影片所陈述的很多观点很早就有。对杂交育种断断续续的思考早在沃尔什的时代就出现了。在现代，马克・德尔在 1990 年的《大西洋月刊》发表文章，大力支持杂交育种，他的文章也被广泛阅读。他现在是美国犬类杰出的权威人士，指出许多基因问题都是由纯种引起的。那时，纯种狗界接受了这种观点，并做了改进。但是哈里森的电影却造成了不同的效应。

哈里森，个性活泼，有着长而浓密的黑头发和播音主持般洪亮的高音，年轻时曾是一位女骑手。她还曾经猎狐，但当她的师父将狐血涂在她的脸颊上时，她感到十分恶心，于是就放弃了这项运动，尽管她根本不是素食主义者。她与养犬俱乐部的争战就是一场“血战”，她对此却相当兴奋。我们在她 18 世纪建成的小屋的厨房中喝咖啡，谈着狗，周围还围着 7 只狗，大多数都是她从爱尔兰一家熟悉的小狗避难所领养回来的。杰克就是狗里的国王，它长得很大，而且是只牧羊犬和赛特犬的混种，像一只卡通狼。

哈里森绝不是一个教条主义的动物权利活动家。当杰克追着一只兔子跑在环绕村子的农田时，哈里森用另一种方式看待这件事。《纯种狗曝光》这部电影的创新点就在于，它从动物福利的角度构建了动物的繁殖问题。在英国，动物的福利才是社会生活的主题，不像美国，总是围绕着学术和极端主义的问题。我去拜访哈里森的那天，邻镇一个建造工业养猪场的计划受到强烈反对，当天全国性报刊的头条就是“美式工厂农业”。

哈里森的电影并不精细。电影中的主角，或者说反英雄主角，是一只查尔斯王小猎犬。它的名字叫赛尔维，是只可爱的小家伙，但是它得了一种叫作脊髓空洞症的重病。它的头骨太小，装不下自己的脑组织，就像是 10 码的脚穿着 6 码的鞋。它非常痛苦。对于人类来说，这是最折磨人的病症之一。在低沉的背景音中，赛尔维一瘸一拐地走着，偏着脑袋，舌头吐在外面，这个小家伙被折磨坏了。很多生病的猎犬在痛苦中哀鸣，很快就将结束悲惨的生命。

关于狗在繁殖过程中出现的健康问题的严重性大家一直争论不休。养犬俱乐部也承认 50% 的查尔斯王小猎犬都有潜在的健康问题，尽管俱乐部宣称只有5%的小猎犬的问题会在临床中表现出来。但有一些兽医认为很大一部分狗即使没有表现出相应的症状，实际上也在承受着长期的疼痛，那种疼痛由于在狗身上，人们无从得知。当给小猎犬喂食止疼片时，有些小猎犬脸上的表情和性格都发生了改变，就好像它们突然变得轻松了。讽刺的是，从20世纪50年代人们开始对查尔斯王小猎犬进行再处理，把这些狗改变得像16世纪的皇室画像。但是这次改变头骨形状的工作进行得太快，脑组织的生长反而跟不上。

2010年在维也纳召开的犬类科学论坛上，保罗·迈克格里维播放了一组幻灯片。这组幻灯片向我们展示了为了达到品种标准在狗脑内部不同区域进行的推挤和拉伸，这些会对狗大脑的活动机能和反应行为产生什么影响现在尚不确定。当讨论到查尔斯王小猎犬的时候哈里森恢复了非专业人士的说话方式。“小脑被压扁了”，她告诉我，“所以脑袋就像是被挤出来了”。然而，从某种程度上讲，德国牧羊犬的情况更加可悲。它们的身体后部越来越下垂，这是在过去50年里根据人的审美变化所做出的改变。如果你看一组过去几十年里拍摄的德国牧羊犬的照片，你就能看到它们的背部逐渐松脱到了颓废的角度。有时候我在赛狗场中看到这种狗，会注意到它们的肘关节外张着，使不出多少力量，连爬楼梯都费劲。令人吃惊的是，在哈里森的电影中，一个养犬俱乐部的评判者居然还坚持说，这种背部倾斜的狗要优于正常的德国牧羊犬，因为它们更加符合所谓的品种标准。

达克斯猎犬和矮腿猎犬变得越来越矮小，所以当它们吃得太胖的时候，肚皮会贴到地上——这很不舒服，也不雅观。还有那些圆头型的品种，如牛头犬和哈巴狗，由于它们的鼻子扁平地缩着，导致它们都有些慢性的呼吸方面的问题。（牛头犬的脑袋大得不成比例，86% 的牛头犬都得通过剖腹产才能生出来。）当哈巴狗过于兴奋的时候它的上颚可能会堵住气管而造成窒息。那样的话它会被憋昏，直到气管部位放松下来它才会醒来。而且它们的鼻子缩进脸的内部，这导致一种很常见的现象，就是它们经常一头撞到什么东西上而把自己的眼睛撞坏。

这些基因问题一直让人们争论不休，包括人们使狗遭受痛苦的程度。但是在哈里森的纪录片出现前，养犬俱乐部就已经认识到了近亲繁殖所造成的严重的基因问题。在过去的半个世纪里，基因的多样性降低了一半。哈里森以哈巴狗为例，尽管在英国大约有 1 万只哈巴狗，但是真正有效群体中的个体只有 50 个，从基因水平上讲，这个数字让哈巴狗变得比大熊猫还要珍稀。在宠物狗的世界中，很多成吉思汗式的狗祖先都在大批的子孙后代中留下了它们的基因印记，将它们的优点和缺点都传承下来。（我们也看得到，拉布拉多犬并没有遭受到最坏的结果，因为从历史上看就算它们拿不到展示犬的第一名也依然受到人们的喜爱。）某些审美方面的改良特点甚至可以追溯到单独的一只狗身上。他们通过繁殖来优中选优，那些拥有最优秀基因的狗会繁殖出大量的后代——这就是英国养犬俱乐部和美国养犬俱乐部的核心工作。哈里森的观点是它们的管理太混乱，而从现实情况来看她这么说也没什么错。哈里森的纪录片甚至在养犬俱乐部的起源与优生学之间建立了有争议的联系。事实上，她采访的那些评论者和养殖者们都是很亲切的人，有喝茶的白发老人，也有中国的收藏家，还有一些受到惊吓的业余爱好者，因为他们发现这个世界的注意力忽然集中到了他们的小事情上。

想要扩大哈里森的纪录片对英国的养狗界造成的影响真的很难。一个激进的制片人曾经把这节目搬上 BBC 的主要频道，但是和曾经给了它很大助力的网络一样，他们都无法绕开同时播放克鲁弗兹狗展的伪善罪名。克鲁弗兹狗展在英国的影响力就如同威斯敏斯特狗展在美国一样，而且文化气息更加浓重。克鲁弗兹狗展、温布尔顿网球赛以及阿斯科特赛马会并称全英国最受欢迎的运动盛会。所以在 2009 年 BBC 就把克鲁弗兹狗展从节目表中给抽离了，而在当时克鲁弗兹狗展比这个纪录片的观众还要更多。克鲁弗兹狗展原来由皇家防止虐待动物协会和其他一些动物保护组织以及狗粮生产工厂赞助，现在这些赞助商大部分也已经退出了。

养犬俱乐部的领导层对于哈里森和她的纪录片表示了很明显的蔑视，但是他们也很快意识到只靠小打小闹的抵制不能解决问题。实际上对于养犬俱乐部和美国的类似机构而言，公众信任危机已经持续了一段时间。美国养犬俱乐部的登记数量在 1992 年达到了巅峰，但是 20 年后下降了一半。他们那曾经全能的系统，现在已经从内部开始遭到腐蚀，刚开始只是一点点，现在腐蚀的速度已经极快。我小时候在乡下，纯种动物这个词还有一定的影响力，当时杂种狗就显得比较低级，而如果家里有一只纯种狗，孩子们就会到处炫耀，好像车库里停着一辆凯迪拉克。但是现在这种区别已经越来越无关紧要。

在《纯种狗曝光》被播出后，养犬俱乐部与狗信托基金会（一个已撤出支持的慈善组织）合力委托当时杰出的动物行为学家、当时动物学会的会长帕特里克·贝特森制作了一份有关纯种狗的问题的报告。我和贝特森在皮卡迪利广场旁边一个很热闹的意大利饭馆吃了午饭。从 20 世纪 70 年代起贝特森就负责有关动物的工作，那时他曾主持了一个座谈会，制订出在科研中使用动物的标准。（他曾跟珍·古道尔约谈过，他告诉我古道尔对于非洲黑猩猩的痴迷让人很难无视。）之后在 20 世纪 90 年代他写了一份报告，最终促使人们禁止了用猎犬追逐马鹿，因为他认为把动物追得精疲力竭是很残忍的事。不像在美国那样，在英国狩猎与阶级之间的紧密联系使这些事像小道消息一样四处传开。

“杰米玛的电影改变了一切。”他告诉我说。他采访了很多的饲养员和科学家，并于 2010 年发表了他关于纯种狗问题的报告，这份报告支持了哈里森的大多数诉求。但那并不像《纯种狗曝光》，是对繁殖工作的整体控诉。相反这份报告还包含了关于近亲繁殖的微妙讨论，它解释说通过剪除不良的突变品种，并加强优秀的基因的表达能够使种群的健康状况变得更好。就像人类，在非洲的旅程中，有一段时间人数减少到只有一万人。这份报告还指出了无限制的种群杂交的问题。它指责了养犬俱乐部对于幼犬滥育场的默许，因为正是它为这些小狗做的登记。

养犬俱乐部称它对于这份报告持欢迎态度，还声称早在哈里森那部多管闲事的电影问世前就在想办法应付这些问题，至今已努力很多年。令人惊讶的是，它甚至说这篇报告在某些方面挖得还不够深入。它似乎在暗示问题不在养犬俱乐部身上，而在于所采取的方法。它已禁止了大部分有问题的交配行为，比如兄弟姐妹间的交配、父母与子女间的交配。但是它拒绝了贝特森关于禁止祖父母与孙辈的狗间交配的建议，它称这是狗世界中很普遍的行为，但是祖父母和孙辈间的关系实际上比兄弟姐妹间的关系还要亲近两倍。为了照顾一些品种的健康状况，他们改变了品种标准，这些品种包括斗牛犬和德国牧羊犬等。但是这些努力究竟算是巨大的改革还是只能算做做姿态，还要看旁观者们如何评判。

纪录片里的另一个反英雄角色，杰夫·桑普森，是一个旧秩序的维护者，也是养犬俱乐部的高级犬类遗传学者。我有些同情他。夹在哈里森这样的革命者和只想让一切维持原状的根深蒂固的保守派领导力量之间，他的处境极为艰难。他的专业知识告诉他，起码在部分情况下，他是不能按照养犬俱乐部的意志行事的，这让一切变得更加复杂。

我到养犬俱乐部在伦敦的总部见了桑普森。他是一个接受过专业训练的遗传学家，他对狗感兴趣，部分是因为狗的近亲繁殖为他关于特殊的基因突变对于疾病的影响的研究打开了一扇窗。他开始为养犬俱乐部工作也是因为他妻子是一名狗饲养员。养犬俱乐部有大量与狗有关的艺术品，我们就坐在用这些艺术品装饰的房间内。他说的话即便不是全部正确，也是基本正确的。2003 年他曾经做过一个指出养犬俱乐部中狗的问题的报告，这报告后来被帝国理工大学发表。他用这份报告证明了养犬俱乐部的伪善。“杰夫・桑普森几年前就知道这些问题，他并不傻，”他说，“但只是知道还不够。”

桑普森告诉我说帝国理工大学发表的那篇报告，是养犬俱乐部历史上一件很重要的事情，它打开了很多人的眼界。“我们在经历一场大决战。”他说。《纯种狗曝光》只是把我们已经知道的事又强化了一下，他说，甚至还起到一些反作用。“它可能确实起到了一些好的作用”，从那个方面来说，但是从别的方面来说它也造成了很大的危害。“作为一个组织，我们很震惊也很无力，它让我们的很多项目都受挫了。”

养犬俱乐部在以何种速度走向何处，这就是另一个问题了。对于有的品种，我们已经无法实施援助。对于像查理士王小猎犬等其他种类的狗来说，或许我们现在还可以通过某种人为干预的方式进行挽救，但桑普森似乎并不赞成这点。桑普森曾明确地表示，人为育犬的行为有些过了。他告诉我：“我的观点是，狗的品种已经很多了。”一只狗的外表和狼的相似点越少，我们就越不会觉得它是一条狗。在这些问题上，桑普森和哈里森以及贝特森的意见极为相近。

他们只是在应该如何进行施救以及谁应该为此而承担责任等方面没有达成一致。

贝特森在报告中指出，希望建立一个独立的监管机构，以禁止育犬者使用有害的方式进行育种。但桑普森和养犬俱乐部对此却持否定意见。“我们认为，一旦我们开始给育犬者施加过多的约束，人们或许会停止到我们这里进行登记注册，但是他们不会停止培育新品种的步伐。此外，在外人看来某些方案值得一试，但它不一定真正适合我们这个相对独立的体系。”桑普森反驳了那些认为养犬俱乐部是将那些冥顽不灵的育种者带入现代社会的罪魁祸首的激进论调。或许，养犬俱乐部是唯一可以提供有效改革的育犬机构——假设育犬者不受任何监督，谁知道他们会培育出些什么新奇的品系呢？

作为回应，哈里森指出，从某种程度上讲，桑普森的观点是出于金钱的考虑。她告诉我说，“取消养犬俱乐部就意味着他们无钱可挣，人们到这里进行注册他们才能填满自己的口袋”。从经济角度来看，对于养犬俱乐部来说，注册的狗越多越好。出于这一考虑，使得它们作为育犬管理者的动机非常值得怀疑。她认为该俱乐部正在玩政治游戏，他们在公开场合总是宣称自己说正确的话做正确的事，而事实上他们的工作并没有产生实质性的进展。她接着说：“可能早上还说要朝着积极的方向采取一些措施，而到了晚上，你会看到他们其实没有做出任何的改变。”就连同样善用外交言辞的贝特森也对此感到颇为失望。他说：“坦白地讲，桑普森是个两面派。养犬俱乐部应有的态度是，如果发现了某个问题，我们就应该及时纠正。”

对于应该如何改组顾问小组以最好地发挥效用这一问题，贝特森和俱乐部一直争论不休。“你们不能同时充当法官和陪审团。”他告诉俱乐部的代表们说。而他们的回答是，“我们就是要成为法官和陪审团”。

但是哈里森很明白她的目的。“他们干的都是非法的勾当，很有钱，并且只有少部分人有控制权，”她说，“如果他们不改朝换代，我们就看不到真正的变化。”事实上，在以养犬俱乐部为幌子的掩护下，狗的种类已经在悄然改变着。犬类社会正经历着一场合乎常理的危机。在19世纪种族是一个优秀的标志，但是现在种族究竟又成为什么的标志了呢？

在美国，相似的努力也在悄然展开，尽管没有像哈里森的电影那样决定性的事件。在这里动物的福利议题比英国更加广泛，且变化得更剧烈，虽然美国养犬俱乐部规模也很大，但由于其种族认同感没有英国养犬俱乐部的人们那般强烈，所以进行斗争也没有那么具有戏剧性。在美国，牛和猪——虽然没有提到，但相比于宠物狗，它们在数量上占有绝对的优势——这些动物们仍在非常悲惨的条件下养殖，然而关于它们的近亲繁殖问题却不能享受和其他动物福利议题一样的待遇。所以对纯种狗的喜爱不可能突然瓦解——而一定程度上，它很可能会成为一个信徒越来越少的教派。美国养犬俱乐部会员的减少不仅因为狗的健康问题，还因为他们交易。卖狗，或这样的念头，使问题更加复杂。人们试图使用类似的老方法，但是在半农业文明中，这种原始的养育方法使得这些狗很难再产生新品种。

美国养犬俱乐部正努力去重获它的相关业务。它的沟通受到人道关心的影响。2009 年，它允许杂交狗参加其新的灵活性项目，这是 125 年里他们第一次在纯种动物的意识上进行妥协。但是杂交物种被允许参加的基础——这也是对杂种狗和它们的主人开放的一个前提——那就是狗的主人要保证他们要养的下一只狗是纯种的。美国养犬俱乐部的政策看起来是开放性的，但是暗地里的目的仍是保持古老的制度。

养犬俱乐部仍是狗的世界中最强大的力量，并且他们的管控权利可以变成促进发展的力量。美国养犬俱乐部有时宣传自己是善待动物组织和其他动物权益组织的堡垒。但是流行博客大牛帕特里克·伯恩斯，美国养犬俱乐部最激烈的批评者，他指出善待动物组织只不过是台按压机，不断在搜寻更加古怪的噱头。(几年前，善待动物组织成员穿着 KKK 党的衣服突然出现在威斯敏斯特，那里正举办着的犬类展览，显露出美国养犬俱乐部对于纯种血统的强调和善待动物组织自身对合适措辞的困惑。)

人可以梦想狗类世界的和平，但是它似乎不可能很快实现。后来在我的拜访中，哈里森和我坐在她的花园的餐桌上吃晚饭，并且谈到了狗的未来。她说:“我的梦想就是，养犬俱乐部或者其他组织能够意识到我们已经处于极其糟糕的境地，明白我们可以通过改革战胜这种困境，并且能抓住机会去做一些对所有狗有益的事。我觉得这是可能的。”

当我们出去散步的时候，杰克爬上餐桌吃掉了我的一块牛排。

第十二章

未来的狗

尽管维多利亚时代那样丰富狗品种的热潮已退去，但它依然给后世留下了令人振奋的宝贵财富。包括国家人类基因组研究所的伊莱恩·奥斯特兰德和加州大学洛杉矶分校的罗伯特·韦恩在内的一批科学家正在致力于探寻狗基因的深层结构。狗基因组计划和人类基因组计划是密切相关的。人类基因组计划很了不起，但存在一定的模糊性，并不像克雷格·文特尔起初使用基因测序仪时所期望的那样，能够确定出控制疾病的单个基因，但我们却可以从对狗基因组的研究获得的狗基因结构的相关成果中受到深刻的启发，并通过类比来揭示人类基因组的奥秘。近亲繁殖已经成为这个揭开基因奥秘过程中不可或缺的一部分。虽然近亲繁殖从某些角度来说是很不可取的，但它可以帮助我们组织和简化狗的基因组结构，让我们更加方便地进行基因的类比和对照，从而找到基因组上控制狗不同性状的某些基因或区域。

狗拥有世界上所有物种都无法企及的种系数量，这也一直是科学上的大谜团。狗的品种之多，使得从达尔文到后来的康拉德·洛伦兹之间的许多科学家都认为狗是从若干不同种类的犬科动物进化而来的，而不仅仅是狼一个。而出人意料的是，狗的基因构成事实上却十分地简单。狗拥有一个基于狼类的基因模板，不同种群的狗的基因模板构成极为相似，至少比人类间的相似多了，然而极少数几个基因的变异就会导致这些模板产生无限的构成可能。达克斯猎犬、巴赛特猎犬、威尔士矮脚狗以及其他 12 种狗的短腿性状均可以归结到一个单独基因的变异，即一个生长因子基因被复制，然后被重新插入其他某个地方。另有 3 个基因控制 95% 不同性状的皮毛。松垂耳朵的性状也是出于单个的基因变异。控制脸部性状的基因则是另一个造成性状变化的重要因素，它们可以决定一只狗的鼻口部像狼的一样长，抑或决定它们的脸短小而圆润，看起来像个婴儿一样招人怜爱。

韦恩告诉我："可以说，导致狗的种类多样化的过程和我们人类的完全不同，并且该过程主要集中在过去的几百年历史当中。在维多利亚时代早期，人们热衷于创造长相新奇、聪明伶俐的狗种，而这一趋势实际上是由贵族阶层发起的，他们希望自己培育的狗可以体现他们的财富和地位，并且他们非常偏爱那些长相古怪的狗。而在那之后，人们便开始在狗的身上发现基因变异所导致的某些疾病。"

对于造成此种现象的原因，达尔文认为，是育犬人过分偏重"运动型狗"，或非常特别的小狗。而通常情况下，这些特殊性状就是由韦恩所说的"可以造成巨大影响的单个基因变异"造成的。大约有 70% 的狗的品系是由这种类型的基因变异所导致的。这和我们人类以及世界上几乎所有其他物种的变异情况都不同。韦恩接着说道："如果仔细观察影响人类体型最重要的 40 个基因，注意是 40 个基因！你会发现由它们所导致的体型差别也就占总共的 5% 到 10%。但是，如果观察影响狗体型变异某个最关键的基因，你会看到，这一个基因对于狗体重变化所产生的作用就可以达到 50%。"育犬人大多不会选择那些性状变化较小的狗作为进一步交配的对象，他们不会耐心地等待某些特征一点一点地逐步积累。一方面，狗的生命周期较短，更重要的是，育犬人本身钟爱那些"怪狗"——即达尔文口中的"运动型狗"或者是韦恩称作是"致病基因变异产生的狗"。

科学家和育犬工作者们已经开始对通过控制基因来"制造"最纯种的拉布拉多犬进行深入了解。基因模板上一两个基因的变异就可产出咖啡色或是黄色的拉布拉多犬——斯特拉的黄色皮毛就来源于此。他们甚至已经了解到某些基因变异可以导致白色的斑点和白色的脚掌这样能称作拉布拉多犬的性状。

尽管不像想象的那样简单，拨一下开关就可以创造出你想要的狗的品种，但是韦恩和奥斯特兰德的研究结果表明基因工程的前途将是一片光明。形态学只占他们研究成果中很小的一部分。近来，通过对狗 DNA 的深入研究，韦恩和他的同事们模拟了一份详尽的狗系谱图，揭示了不同品种的狗之间的潜在关联。视觉猎犬、嗅觉猎犬、牧羊犬、警卫犬以及其他一些狗，它们彼此都是相互联系的。这在外行人看来也许没有什么可奇怪的，但是对于科学家来说，这是一项不小的发现。因为他们起初认为，育犬人是在大量交配不同种类狗的基础上，通过许多路径得到了现在这些性状各异的狗。总之，他们的研究成果和之前维多利亚时代的人们仅仅通过少量、简洁的配种方式便得到了不同品系是一致的。

这一新兴科学不仅可以揭示有关狗的某些问题，并且可以帮助我们更好地了解人类自身，尤其是在研究人类疾病方面。有关狗病理学基因变异的研究可以帮助解释人类基因组研究所不能解决的相关问题。尽管狗疾病和人类疾病并不总是有一一对应的关系，然而在许多方面，两者之间确实存在一定的联系。狗约有 450 种遗传性疾病，其中约有一半的发病情况和人类是相似的。灵缇犬身上一种极为罕见的嗜睡症有助于我们了解人类的睡眠障碍。由基因突变引起小灵狗肌肉极度发达的性状可能和控制某些职业运动员体格强壮的基因有关。对于金毛猎犬肌肉萎缩症的研究很有可能给人类疾病提供一种新的治疗方法。某些狗基因还可以控制其相关的行为性疾病，比如强迫性神经官能症和威廉姆斯综合征，这有助于揭示为何有些人可以像狗一样拥有温顺的性格（见第四章）。由于狗跟我们人类共享同一个生存环境，这使得在某种程度上，相比作为传统遗传病研究试验对象的老鼠，科学家对使用狗进行相关研究更感兴趣。也许，更重要的是，这样一方面可以治疗狗的某些疾病，另一方面对于人类来讲也会大有裨益。

狗就这样再次被迫卷入了人类的历史当中。人类对于纯种狗的不懈追求并没能如其所愿地培育出品种优秀的狗，事实上，这一配种方式产生的结果正适得其反，给许多狗带来了深重的灾难。好在现在人们已经了解到那些行为对狗的伤害。狗作为人类创造的产物，在无奈地经历了人类的各种配种干预之后，重新成为一个物种模型。近来，通过对一些患有呼吸道疾病的流浪狗进行相关研究，人们发现它们身上很有可能携带类似于丙肝病毒的物质。此前，科学家对于该病毒的病源几乎找不到任何线索。现在，一些研究人员认为，肝炎病毒有可能就是在过去的 2000 年里从狗的身上开始传播的。

然而就此将狗定义为疾病携带者，我们内心可能会有些许的不安，毕竟还有许多遗传病情等待我们去研究。然而，进行科学研究并不意味着像华兹华斯[1]所说的那样将带病的狗一一杀掉，相反，我们不应杀害任何一只狗。科学的实用性中蕴含着美，对科学家来说尤为如此。当奥斯特兰德看到自己的宠物狗可以展现出如此重要的科学性价值时，他的敬畏之情溢于言表。但是，人们无意间发现的狗对于人类的巨大帮助仍只是整个动物世界的一隅，是拼贴画中的一角。因此，这绝不意味着我们要停止对于养犬俱乐部的改革或者干脆将它们取缔。疾病不能成为一种文化的主导因素，否则，这些纯种狗和实验室里那些成批的科研用老鼠就没什么区别了。

未来的狗应该是什么样子，又该由谁来培育它们，这些复杂的

[1] 华兹华斯（William Wordsworth，1770—1850），英国浪漫主义诗人，与雪莱、拜伦齐名，“湖畔诗人”之一。

问题看起来颇有些杞人忧天、庸人自扰的意味。既然养犬俱乐部对于公众育狗倾向的影响在一点点减弱，他们也普遍意识到自己的育种方案已经给狗带来了非常严重的困扰，那么育犬方案的大门依然是向更具创造性的新方案敞开的，就像维多利亚时代一样，只是目的截然不同。然而，现在的情况则要混乱得多，对于狗应该是什么样的，或是人们应当为狗创造一个怎样的世界，人们很难达成一致。比如一只像斯特拉一样的狗，它可以在田间连续跑好几个小时，但这在由混凝土构成的水泥地面上并无用武之地。我们应该让狗适应我们的公寓吗？我们应该让狗变得不会引起我们过敏吗？无论答案如何，这些事情正在我们身边发生着。

在适应人类这方面，第一种有所突破的是拉布拉多德利犬，这种狗是拉布拉多猎犬和贵妇犬杂交产生的。现在，这种狗在曼哈顿的社区里很常见。拉布拉多德利犬是沃利·康兰智慧的结晶产物。20世纪80年代，康兰在澳大利亚皇家盲人协会研究导盲犬的问题。那时，他想创造一种不太会引起人们过敏的导盲犬，于是他想出一个绝妙的主意：把拉布拉多猎犬和标准的贵妇犬杂交，前者因其冷静和温顺的性格特点而成为一种极好的导盲犬，而后者的卷毛极难引起过敏症人的过敏。在杂交产生的3个幼崽中，有一只具备康兰所期望的性质。对狗的训练中需要有大量的社会化训练，而且康兰需要有家庭愿意来喂养这些狗，因此他将这些狗作为一种新型导盲犬在电视上给它们做广告。拉布拉多德利犬因其良好的个性及不易引起过敏的特性很快受到欢迎。随后，康兰对这些狗继续进行实验，创造了第二代拉布拉多德利犬和第三代拉布拉多德利犬，像维多利亚时代的饲养者一样稳定其性状。不久后，他不再做饲养狗的工作了，但他已经为人们开辟了新的研究方向。一系列无用的新品种被繁殖出来，比如贝高犬、比熊犬、大丹犬、查理士贵妇犬、法式贝高犬、斗牛犬以及巴格犬。据说有一些不会引起过敏的狗，它们的名字都以 poos 或者 oodles 结尾，其家族十分庞大，包括万能梗犬、巴吉度贵妇犬、凯拉梗犬一直到以 Y 开头的约克夏。先不管别的，比起以前对狗的约束来说，这俨然是一种生气勃勃的自由创造的景象。

问题又来了，饲养一只好狗只是第一步。整个世界需要大量受欢迎的狗——毕竟，它们的寿命并不长，而最简单的繁殖大量狗的方法便是采用工业的方法。一个像康兰一样的小经营者能控制他的创造物，但在工业化的生产中如果采用了错误的方法，繁殖便会失控。

第二有名的由人类设计的狗是由华莱士·黑文斯创造的巴格犬（这种狗是哈巴狗和猎兔犬杂交产生的）。黑文斯是一名威斯康星州的牧场工人，而且还是一名运营着小狗避难所的企业家。黑文斯最初是一名饲养技术员，他发明了一种喂牲口用的奶油，攒下了第一桶金，在那之后，他买到了属于自己的农场并充满热情地开始实验。黑文斯的饲养实验会让人想起罗伯特·贝克威尔的实验，甚至是莫罗博士的那些实验，他尝试把亚洲豹和孟加拉虎养在一起，但没有成功，他还饲养刺猬和小型的驴。他还创造了几种新品种狗，其中的一些只是代际杂交的结果，其他则完全是不同品种的混合物。黑文斯使用的饲养牲畜的技术不太重视品种的纯度，因为饲养员是依动物的特点而不是其血缘来作为选择标准的。黑文斯创造的第一种狗是长耳卷毛狗，这种狗兼有可卡犬温顺的性格和贵妇犬的不易使人过敏的卷毛。黑文斯认为他的狗比纯种狗更健康，甚至还对他的小狗崽提供为期 5 年的担保，然而出售只是他的事业的一小部分。

黑文斯正在创造一些能出售给更大市场的东西，就像他在牧场工作时所做的那样。狗既是一种牲畜，又是一名家庭成员——自古以来就兼有的双重身份。而黑文斯便以此为基础开展自己的生意。他像对待东西一样对待狗，却把它们当作名义上的人来出售。最终，他的养狗场变成了新品种狗的制造厂。其状况十分可怕：没牙的狗在笼子里生了一窝又一窝的幼崽，而且从没有玩具可以玩，也不能出去。这是这个国家最大的小狗繁殖厂之一，它不仅被美国养犬俱乐部所指责，还不断被慈善组织所抨击。

艾米什也曾参与到黑文斯养狗场的部分生意当中，之后他在威斯康星州建立了一个滩头堡，部分目的就是为了避免他们之前在宾夕法尼亚州建立的大本营的现代性被侵蚀。艾米什的滩头堡已经变成了小狗繁殖活动的中心，因为小狗是一种“商业作物”，而且艾米什的动物伦理允许这种能使利益最大化的密集饲养。然而宾夕法尼亚州认为商业繁殖合法的环境正渐渐瓦解，相较之下，威斯康星州的法律更宽松。

慈善组织经常会从黑文斯手中拯救一些狗，但大多数情况下，黑文斯会把狗卖掉。最终，在 2008 年，美国慈善协会买下了黑文斯的繁殖公司并将其关停，这对每个人来说都是一笔好交易（尽管有些拯救组织认为这项交易无异于花钱从劫匪手中赎回人质）。黑文斯已经 72 岁了，无论如何，他都计划退休了。同时，鉴于批量生产拉布拉多德利犬过程中产生了大量问题，已经 80 多岁的康兰开始后悔创造出这种狗了。“现在人们问起我‘你繁殖出了第一只拉布拉多德利犬吗’，我不得不说，‘是的。但我却无法以此为傲’。”他告诉《澳大利亚人报》，“我真希望时间能倒转”。

许多和狗打交道的人在某种程度上都希望时间能倒转。拉布拉多德利犬是一种出色的狗，但它不是“我们今天应该养什么样的狗”这一问题的答案。如果你想创造一种属于这个时代的狗，而不是只存于想象中的那些维多利亚时代乡下的狗，你该如何做？应该用什么样的方式来控制它们的繁育？它应该是一种适应城市居民生活的狗（它们要能够容忍被关在公寓里，在小块地毯上消磨大量时间，满足于偶尔且短暂的外出活动）吗？对一个生活在曼哈顿高层建筑朝九晚五工作的人来说，像患了中度嗜睡病一样的威尔士矮脚狗可能是个极佳的选择。狗主人不必为因要去工作而不能陪狗感到自责。威尔士矮脚狗也不会有这个烦恼，因为它们大多数时间都在睡觉。

但那会意味着驯化的一个新阶段：驯化出更蠢、更有忍耐力的狗。可谁又会想要那样一种狗呢？

可怜的斯特拉是一个优秀的运动员，它能跑上一整天，然而，在我们的公寓里这一点对它并无太大益处。对于它应得的世界和它现在拥有的世界，我思考了很多。如果我不思考的话，它也会提醒我这么做，比如当我穿上运动鞋想要外出的时候，它会让我感到我处在一个艰难的境地。它经常能得到它想要的，比如跑步或者骑自行车，但比起它应得的生活来，这些还是有一些差距的。

其他和狗打交道的人注重要重建狗之前的优秀品质。帕特·伯恩斯是梗犬守护人中的一员，他希望能摧毁虚有其表的美国养犬俱乐部，使真正的工作犬在世界中再度流行。人们需要的是能找到进入农场的不速之客的狗，比如当他在自己弗吉尼亚州的家周围的农场里发现土拨鼠之后，他会在那里养一条小猎狗。他对自己对手深深的、不屑的嘲弄使他成了一个风云博主。他与杰米玛·哈里森建立了一个跨大西洋的同盟，发起了一场两线战争。他还是《杂食者的困境》一书的作者，是记者迈克尔·波伦思想上的支持者，也是所有养绵羊的农民、祖传菜农以及想和大自然构建一种新关系的本土膳食主义者的支持者。但是，他对过去一点儿也不感到伤感，他知道现代的世界是什么样的，知道温德尔·拜瑞[1]们写的东西很快就不能满足芝加哥的人们了。

---

[1] 温德尔·拜瑞，美国当代杰出的生态文学作家和生态思想家，1934年生于美国肯塔基一家农场。

并且他也知道在某些方面，大自然比以前更好了，比如说，比起 30 年以前，鹰多了，鹿多了，土拨鼠也多了，这就是他要引进小猎狗的原因。㹴犬守护人以它们最初被饲养的目的来使用它们：找寻土拨鼠。它们的胸腔很窄，能钻到狐狸和土拨鼠挖的洞里。而他和美国养犬俱乐部的部分问题是协会证明这种狗不具备这种尺寸。

伯恩斯的宇宙观有些怪异，在他看来，整个世界是由一团杂乱的历史、哲学和科学编织而成。他写过有关诸如“没有电力供应，你的生活会怎么样，你会需要何种设备？”以及“为什么美国养犬俱乐部不听从查尔斯·达尔文的话”“为什么金熊还未回到加利福尼亚州”等问题。他的思索导向各种推论。他寻求真相，也讲述真相。他的狗把他的思考固定在了“在现代世界中大自然发生了什么”这一问题上。

伯恩斯的热情提醒我们，如果想要和大自然联结起来，我们必须首先想象这种联结，然后相信这种联结，并以此为准则来生活。在过去的几十年中，一条主要的思想脉络是我们要对我们所选择的食物和我们食肉的特性负起道义上的责任。不去管其中一些做作的道德因素，那些道德规范道出了一个重要的事实，那就是我们再也不会在农场工作了，并且再度回到农场更多是一种想象。

狗一如既往地成为这场剧中的演员，次要的演员，演着一个平行故事。维多利亚时代的狗在农场和农家宅院方面的用途，比如在有着高高的芜菁的地方打猎，已从我们这个世界消失。但是，什么样的用途适合现在的狗呢？尽管狗的世界充满生机，然而对狗的未来的焦虑与绝望也同样存在。当狗哪儿也不能去的时候，人或是狗，谁会显得比较傻?

当人们对狗拥有的所有技能产生迷恋的时候，人们就会想移居乡下。然而，在某些层面上，乡下也是一个人造的环境。乡下不过是一个怀旧的产物而已。并且，那里也不是我能挣钱过活的地方。去乡下只能当作一次旅行，而不能成为为狗创造良好生活环境这一问题的解决方案。狗让人犯难。我承认带给斯特拉这种不和谐的城市生活方式是出于我的伪善，但我必须把强加给它的苦难尽可能地减少并且要尽力缓和这些苦难。

斯特拉只是一只狗。我常常觉得它想把我带回到我们走在森林的小路上的那个世界中，在那里，它的眼睛和鼻子比我的更有用。然而，想要回到那里却极其不易。

第十三章

大迁徙

斯特拉就是所谓的被救助的狗。同样的，它也是那个庞大的、弥漫着竞争气息的临时环境中的一员，我们这里的狗大多都是那个收容所提供的。很多狗主人都会理所当然地为他们从屠户手中或者其他困境中解救了一条狗而感到骄傲，并四处向人们讲述那狗先前受到如何的监禁和虐待，然后幸运地遇到了他们，并从此离开了苦难生活的骇人故事。这就是在现代社会中，若是拥有一条狗就可以让人们自我感觉良好的原因之一。对于大多数都市中的狗主人来说，他们把狗从囚居笼里甚至更糟糕的生活里解救出来，却一天的大部分时间里都把它们关在家里，在人们固有的观念里认为这理所当然是救助行为。然而实际上，我们道德上的英雄主义并不是最高的行为准则。斯特拉并不是一只有着低劣倾向的中年比特狗，它也并不是一只从幼犬滥育场上退下来的老掉牙的狗，它是一只漂亮的、皮毛光滑的、只有 12 周大的狗，是一只任何人都愿意救助的狗。

狗收容所一直存在于我最早期的童年想象之中，令人敬畏而又令人不解。我们从未想过让我们的狗在当地的收容所中终此一生，而且据我所知，这样的事情也从未发生过。收容所是一个可以领养到狗的地方，但也像是个死囚牢房，时钟在嘀嘀嗒嗒走着，计算着狗的余生，徒有感性并不能拯救它们。你可以挑一条狗带走，但余下的狗还是会死去。当时我以一个孩子的思维想着，如果不把没人要的狗安乐死的话，狗就会多到整个世界都容不下的。但是这些关于死亡的想法，对于一个小孩来说，确实太沉重了。

在斯特拉来到我们的生活里之前，这差不多就是我对这些事情的理解，实际上在斯特拉到来之后有时我也是这么想的。它从恶臭的杀狗的收容所中被拉出来，然后不知怎么奇迹般地被送到我们家，这个历程是个极好的故事，但我并不完全承认这个想法。我知道我们得到斯特拉的过程从某种程度上来说，就是购物。但是我也逐渐明白，我们去收容所的经历，既是在拯救狗，同时也是一个不错的买卖。我们一路开车去长岛买狗，但实际上当时在曼哈顿就有很多困苦的狗可能正面临着被安乐死的危险。

一如平常，这些有关屠杀的事情只在我脑中的边远区域存在着，如果你问我，我会告诉你这些事的确在发生，但是如果你不问我，我永远也不会去想它。然而在纽约市每天都有狗被安乐死，2010 年平均每周都有超过 200 条狗被安乐死。有一个小群体在努力解救这些狗。纽约的动物照护中心就是这样一个负责管理那些走失的、被抛弃的或者有问题的动物的半公共代理组织。每个工作日的下午 5 点到 6 点，纽约市立动物管制局办事处都会在 110 大街上，把面临注射死亡危险的狗的名单用电邮发给一个救援组织团队，而这个团队就会尽可能多地去把这些狗从死亡的囚牢中带出来，安置在别的狗狗收容所或者肯收养的家庭里。

每年会有11000条狗被杀掉，这是个很大的数字，但是这个数字却可能连1970年的1/10都不到。然而，如果你像很多愤怒地对待纽约市立动物管制局的批评者们那样，觉得狗和人类有着共同的道德地位的话，那么这个数据的下降也就很难起到什么安慰作用了。一条狗就是一个生命，小数目的屠杀也依然是屠杀，而屠杀可不是什么值得庆祝的事。在网络上，大量批评的声音都指向了纽约市市长迈克·彭博，指向了“市长的动物联盟”的领导者简·霍夫曼，更指向了纽约市立动物管制局的主管朱莉·班克。一个评论员在邮报底部一篇名为“彭博和班克，你们晚上怎么睡得着觉？”的评论中用醒目的大写字母写着“朱莉·班克＝耻辱”。几家网站都挂出了那些受难的动物们的特写照片，不是走失的就是被主人抛弃的比特犬，大多数都警觉、年幼而且外表健康（起码从照片上看来很健康）。大部分的比特犬都用它们特有的自信的好奇目光凝视着相机的镜头，可爱极了。这些照片自然让我觉得难以直视，一个原因是我并没有去看它们，另一个可能的原因是对抗纽约市立动物管制局的那些人变得过于激动了。

我无法想象谁会想要这样一份工作，要将杀死这些动物作为工作内容的一部分，之后又要因为杀死这些动物而遭受人们的辱骂。实际上，似乎并没有人将管理好纽约的狗作为自己的社会责任并为之付出真正的努力。这其中有些不光明的因素，使得解决这个问题变得更加困难了。纽约市立动物管制局的社会资金很有限，而且也缺乏融资的能力，来自曼迪基金会的巨额拨款让它的资金得以增加。

曼迪基金会是一个企业家建立的反对杀戮的慈善组织，这个企业家在20世纪80年代创建了一个名叫仁科的大型软件公司。曼迪基金会坚持把不会因缺少空间而对狗进行安乐死作为自己提供拨款的条件。据批评纽约市立动物管制局的人们说，这个组织把那些得了些像犬窝咳这种小病的狗安乐死，这样既绕开了规则，还能得到捐款来照顾或者有的时候杀死更多的狗。这是个典型的恶性循环，纽约市立动物管制局的英文全称中虽然有“照顾”这个字眼，但在它的官方网站上却并不愿意把自己描述成一个动物保护组织。

救援团体把这个尴尬的情况称作关爱—杀害悖论。在过去的20年里，人们为解决这个悖论做出过很多英勇的努力，但时至今日它依然在折磨着那些管理这个国家的走失的狗的人们。我很明白，纽约市立动物管制局的功能应该被某些人规定。但是最高的呼声认为狗是具有荣誉人格的，这就意味着它们应该被救助，如果没能被救助，那一定是因为救助人员的懒惰、无能和缺乏创造性。对于这些批评者来说，动物管控的综合设施就是一个恶性的官僚机构。

围绕着纽约市立动物管制局对狗的处理方式相关的极端政策和生硬情感掩饰了一个让人惊讶的事实，那就是从很多方面来看，纽约市对于狗的治理实际上是很成功的。在彭博的治理下，在简·霍夫曼——一个满头白发精神矍铄的前企业律师，如今是市长的动物联盟的创建者兼领导者——的领导下，纽约市被安乐死的狗的数目一直在稳定地下降。2002年市长的动物联盟创建的时候，调查的4万条狗中有74%被安乐死，现在这个比例降低到了33%。考虑到几十年前在有些城市收容所中狗被安乐死的比例高达90%以上，我们现在的这些数据已经很值得夸耀了（如果他们并不是还把这件事当作是屠杀的话）。

某种程度上这个成就必然应归功于霍夫曼和她的同事的工作。但是在其他城市狗被安乐死的比例也降低了。这只是整体文化转型的一部分。这个系统还远不完美，但是现存的狗的种群过密的问题，和30年前相比已经完全不一样了。

狗的种群过密问题首先出现在郊区。20世纪50年代后期的一个调查显示，在美国的一个边远小镇莱维敦，那里的居民将走失的狗作为他们的第二大问题，紧排在核湮灭的危险之后。那正是灵犬莱西的时代，那时候它能够恪守对主人一家的职责，也能出神入化地理解其主人的意旨。莱西在人类世界和自然界的双重身份正是它最大的魅力所在。那些被狗绳拴住的狗或是篱笆圈住的狗，就算是在莱维敦，也做不到莱西曾做到的事。而那些未被拴住的狗是郊区梦魇的一部分。

在我们家，普茨想溜达到哪里都行，有时候它会跑到一英里外去跟附近的狗王约会，那是一只当地医生的又大又漂亮的太妃糖色罗德西亚脊背犬。我们控制它生育的办法就是在它发情的时候把它关在屋里不让它出去，这是个完美的方法。至今我妈仍把它的一次逃脱归罪于我，而那次逃脱直接导致我们有了一窝小狗。但那并不是世界上最糟糕的事。而且，狗会教孩子们生命的过程，从驼峰状的孕期（充满欢乐的时光）到生出潮湿的小肉球，它们眼睛闭着，爬到妈妈的奶头去吃奶。把动物阉割，就算不能说是残忍，可也似乎很自私，为什么要改变狗最基本的生理结构去换取不用照顾小狗的一时便利呢？

对一只狗来说这还算不赖。但是太多的狗出生，局面就变得难以控制，必须采取一些措施。这就是它们被安乐死的原因。大的收容所中制造出大桶大桶的死狗的尸体，之后这些尸体被送往炼油厂。从某些方面来说，被送到炼油厂的这些狗还是幸运的，因为其余的狗将会成为实验室的实验品。

是数字，这个工业的语言，第一个说明了动物收容所带来的骇人故事。在 20 世纪 60 年代，由于狗没有被拴住或者圈住，可能美国 10% 的狗都被汽车撞死了。到 20 世纪 70 年代，1250 万只狗和猫，这是美国所有猫狗总数的 20%，都被杀死在动物收容所中。这个数字大得让人不敢相信，觉得可能是个印刷错误，这证明了美国人的生活中有一些东西被破坏了，或偏离了，我们的美好社会发生故障了。

死在收容所中的狗的数量多得令人吃惊，也反映出了出生的狗的总体数量令人吃惊。1963 年到 1974 年，狗粮的销售量翻了 3 番，这不仅仅是因为广告狂人销售模式的推行，也是因为宠物数量实质上的增长。在 1974 年，根据美国城市联盟的报告，当市长被问及公民们最常抱怨的事情时，狗和其他动物的管控问题占到了 60%。20 世纪 70 年代早期，人们都意识到了狗能为这个越来越复杂、人与人之间越来越疏远的社会所造成的失落感带来安慰。

在占领了郊区之后，狗大批涌入城市中，给孤独的人带来了无条件的爱，也给每个人带来了狗屎。“纽约人对狗十分偏爱，”1974 年，纽约时报的一个专栏作家写道，“他们拥有各种奇形怪状的狗，在一天的大部分时间把狗关在小小的公寓中，只在早上和晚上把狗带出来让它们在人行道上排泄。”狗屎问题已经成为难以管制的城市灾难之一，也成了市长艾德·科赫的一个主要难题。麦克·布兰多提出了一个仅供娱乐的纽约铲屎法案，其中提到，关于狗的辩论都快跟关于内战的一样多了。影响力巨大的动物权利活动家克利夫兰·阿莫里把 1978 铲屎法案称作是精心策划好的在纽约市推行禁狗令计划的第一步。而城市中被狗屎弄脏的道路也确实向狗在都市中的位置提出了更广泛的质疑，质疑公寓生活究竟是否是狗应有的存在状态，质疑用来照顾狗的亿万美元是否可以用来解决人类的一些问题。一如寻常，每当讨论到狗的问题，修辞学总会变得很热门。“就像纳粹德国时期的犹太人一样，我们所有公民，不论老弱病残，都被迫屈辱地去排水槽中捡屎。”美国狗主人协会的领导者这样写道。但是艾德·科赫最终设计出了一个好办法，通过给行人一个安全的人行道来给狗一个安全的城市，起码对于那些不会死在收容所中的狗来说是安全的。

收容所中的勾当简直让人无法想象，他们大批地杀死完全健康的动物，形成产业化机制，与工厂化农场的运行机制高度类似。而且就像工厂化农场一样，这个机制的核心就是工业机密，也就是说一桶桶的狗的尸体会招致憎恨，但是如果把这些尸体藏起来不被人看到，这个机制就能保持运行。几十年来都是如此。事实上，没人愿意想这些事，就如同没人愿意去想培根是怎么来的一样。这是美国工业社会另一个可疑的成就，那就是绝大多数人们不需要去考虑这些事。杀戮发生在人们视野之外。

要改变这个机制就要让人们开始去想那些之前不可想象的东西，这可不是件容易的事。动物保护协会的一个副主席，菲利斯·莱特，有效地将人们的注意力吸引到了这个问题上，并设计出了一个现在为大多数人所诟病的方法。在朝鲜战争时期，莱特在美军中担任军犬的训练员，那时候当地的电视节目把她描述成西泽·米兰那样的人物。她是个不娇气又精力充沛的人，具有正视这个问题的能力。她致力于减轻痛苦的方法，并不一定是在拯救狗这个方面，例如她测试了许多种安乐死的方法，就为了找出痛苦最小的那种。莱特是一个著名的支持动物绝育的卫道士，她很关注像我们家这样门口挂着“免费出让幼犬”的牌子的人家，那个牌子意味着狗的更多痛苦与折磨。“那些为了让他们的孩子们见识‘生命的奇迹’而让狗产下一窝崽子的人，你们真应该来见识一下发生在全国的狗收容所后院里的‘死亡的奇迹’。”

莱特和动物保护协会为推行普及阉割动物的理念付出了超乎常

人的努力，他们相信这个措施比其他任何措施都能够更好地从源头解决狗数量过大的问题。1968年美国防止虐待动物协会通过了一条法案，要求收容所对动物进行阉割。1970年，10%的狗绝育了，到1990年这个比例上升到了90%。然而这并不是莱特采取的唯一办法，她个人参加了7万多次安乐死手术，但也造成了一些问题，现在提倡反对杀戮的那些人控诉她成了构建"抓来杀掉"式动物管理策略的一分子。

美国那些四处游荡的狗的消失从某种程度上来说促进了郊区世界的安定有序发展。尽管在很多地方这已经不违法了，但是人们还是不会让他们的狗出去乱跑，就像不会让他们的孩子去车水马龙的大马路上玩耍一样。孩子们有他们的小伙伴、踢球的玩伴还有家庭教师，狗也会撒欢或者被人遛遛。人们需要为狗计划生活，为它们考虑，就像对待自己的孩子一样。

散养的狗从郊区消失使那里产生了一个新的生态系统。20世纪60年代的时候在我们附近鹿乃至浣熊都是相当少见的，而现在它们跟鸽子一样常见。至于那些野生的火鸡，尽管它们是低劣的动物，但是一群火鸡却很难跟几只意志坚定的狗保持长时间的和平共处。狗的近亲，郊狼，现在也在大批地涌入，统治了它们以前从未涉足过的东区。一只年幼的郊狼甚至出现在了荷兰隧道的入口处，就在我办公室的窗口下面，导致警察为抓它在西区追逐了3天。

现在被救助的这些狗前所未有地受欢迎，但是在东海岸等待被救助的狗中不是比特犬的狗却很少，幼崽更少，这是个谜。那么收容所的狗都是从哪里来的呢？北海岸的人们告诉我们斯特拉是从田纳西州来的，在那时田纳西州可以称得上是异国他乡了，对于一只狗来说这真是一个漫长的旅途。然而我并没有太在意，纽约的狗，就像纽约的人一样，常常是从别的地方来的。纯种的动物是从任何地方来的都有可能，可能是北方的繁殖地，可能是新泽西，也可能是宾夕法尼亚，而且通常都是比较远的地方，混血的动物也可能是这样。

在我们把斯特拉买回家并开始认识其他狗游行的参与者时，我们才发现其实斯特拉的异乡背景真是再寻常不过了。没有比特犬血统的杂种狗基本都是从红色州（共和党选区）来的，比如弗吉尼亚州、北卡罗莱纳州和南卡罗莱纳州、肯塔基州和田纳西州，基本上这成了铁律。有些狗甚至从遥远的波多黎各来。北海岸是最大的狗收容所，在那里经常可以看见很多狗，有一些跟斯特拉长得很像，它们中也有很多是从田纳西州来的，是除了在巴克卢的那支之外的另一支比特犬的远亲。

现代狗的故事的原型就像古希腊史诗中的奥德赛。从一个偏远的死亡率很高的收容所中被解放出来，或者从一个无良狗厂的搜捕中被解救出来，然后经过一个半秘密的旅途，乘着火车、飞机和汽车，经过各种收容所和半路上的车站。这个巨大的、繁荣的和基本非营利性的市场运行的基本结构是由那些真正热爱动物的人们组成，他们几乎在没有报酬的情况下工作着。总体来讲，这个工作网是养狗业中最重要的机构。像北海岸那样的收容所是这个工作网中重要的节点。随着网络的兴起，这个工作网变得更加节点分明和个性化了。现在像 Petfinder.com 和 Petsmart.com 这些网站安置的狗比收容所更多，而且它们帮助收容所为那些离自己的实际所在地很远的狗找到新的家庭。特定品种的救援团队会搜集饲养者或者无良的幼犬滥育场抛弃的狗，不然这些狗最终很可能就死在收容所里了，但现在它们被救援队救下后，救援队就可以让人们根据特点选择他们愿意收养的狗，同时他们自己也能得到救了狗的成就感。当然，美国养犬俱乐部一直都很渴望能插手这个事情，期望在维护自己的品牌形象的同时在这个不断变化的世界中保住自己的重要地位。

从最根本上说，狗市场是红色州（共和党选区）与蓝色州（民主党选区）之间的一个一直在进行的交易，它是基于双方核心价值观之间的区别，就是这种区别让我们的总统选举变得如此富有戏剧性。总的来说，狗是从南方流向北方，从中部各州流向沿海各州。在南部和西部的很多地方，狗的生命并不像在沿海各州那里那么有价值。用华尔街的语言来说，就是这个形势中出现了仲裁的机会，但是这个仲裁是道德层面上的。这个交易在道德上是美好的，因为收养者们不仅将狗从无情的收容所中救出来，而且拒绝将它们卖给幼犬滥育场，这个行业正是为了解决蓝色州内大城市里对狗的需求而建立起来的。正是这形势的大潮将斯特拉送到了我家的地毯上。

在20世纪80年代中期，北海岸的执行总管麦克·阿姆，首先将外地的狗带入了纽约。在裁军之后，阿姆在美国防止虐待动物协会开始了他的动物事业。他曾在职业介绍所仔细咨询过，那并不是一种职业。但是他的军人背景却是他的一大优点，组织中的很多职员的简历上都有着相似的内容，而且他的上司仍被称作上校。此时美国防止虐待动物协会的主要工作就是给纽约市无主的狗安乐死，也就是说他每年要在降压室中杀掉大约14万条狗，这个官僚组织的冷酷性让他萌生找份别的工作的念头。但是有一次他在布朗克斯看到一条被车撞到的狗，旁观者们在打赌这条狗什么时候会断气，还试图阻止阿姆把狗带去医治，这些人的麻木无情让他有了一种继续为动物们工作的使命感。他知道他是站在哪一边的。北海岸收容所从“二战”结束后成立时就是一个反对杀戮的收容所，当北海岸给他一份工作的时候，他接受了，但是北海岸收容所却是一个限制进入的地方，并不是任何一只被抛弃的流浪狗都能进去。北海岸是长岛中心郊区的狗市场，但是它也会从美国防止虐待动物协会在纽约市的工厂中将狗从必死之地救出来。刚开始时，他们每年都会将大约800只动物送出去给人收养，大约10年之后，这个数字上升到了4000。

阿姆说这其中的秘诀就在于他们“开始把这个当成生意来做了”。北海岸是第一个广泛地发布广告和开展营销的收容所。他们也会通过赠送天美时手表或者在圣诞节赠送南瓜饼来搞促销，总之就是尽一切可能让顾客进来并忘掉身处一个收容所中的羞耻心，以此来和幼犬滥育场及宠物商店竞争。在动物救济协会中，人们认为这种营销行为是对动物的一种亵渎，这种把动物和廉价手表一同兜售的方式伤害了一个动物的尊严。但是对于阿姆来说，问题的关键并不是关心动物或者为动物的人格正名，而是要把动物们送出去。“动物们需要的是你的智慧，”他说，“而不是你的热心。”

但这时狗开始变得越来越少了，“在约束法和阉割令的影响之下，”阿姆说，“动物幼崽的数量在减少，它们无法满足我们的需求了，它们也无法满足公众的需求了。”

所以阿姆开始联系他认识的在南卡罗莱纳州格林维尔市的一个动物保护协会的主管。阿姆告诉我说，这个组织平均每星期要杀死200只小狗。“所以我们和他们达成了一个协议，我们得到他们多余的小狗，而他们让我们帮他们建造一个阉割的诊所。每个人只要带来一窝小狗崽，诊所就可以免费为狗妈妈进行阉割。”阿姆的那趟格林维尔市之旅是一个狗迁徙风的开端，从那以后这股风潮变得非常泛滥。那之后不久阿姆见到了诺克斯维尔市一个名叫琳达·赫捷臣的女人，她本来在一个兽医办公室里工作，在目睹了发生在没人要的狗身上的悲惨事情之后，她心中燃起一种要拯救这些狗的激情。阿姆带她去了长岛并教会了她北海岸的工作，1992年她自己开了一家收容所，名叫“珍贵的朋友”，而这里就是斯特拉漫长旅途的起点。

“珍贵的朋友”之前在田纳西州克拉克斯维尔市中心一个小工业园区的仓库里，由于几年前的洪水刚刚挪到了山上。克拉克斯维尔在坎伯兰与红河的交叉点，距离纳什维尔以北一小时的路程。最开始这里是个河边小镇，但是现在那个没什么生气的市区就像是后来的添加物。这里是军事基地的一部分，坎贝尔堡的一个支撑设施，是空军第101师的基地，在肯塔基州的城市的北方，绵延102000英亩。3万军人和63000名军属驻扎在这个基地中，尽管不论在什么时候这个基地的军人中都有一半以上的外国人。克拉克斯维尔的大多数人都和这个基地有着某种关系。

这个基地照顾了当地狗收容所里大部分的生意，因为军队是典型的流动人口，留在他们小小农场房家中的小狗是不允许进入纳什维尔的公寓大厦的。“问题在于南方对于狗有着完全不同的看法，”赫捷臣摇着头说，“在那里狗只是种财产。”

琳达·赫捷臣现在已经半退休了，但是她仍然监督着“珍贵的朋友”的运作。她是一个留着金色短发，而且始终面带微笑但性格却是不屈不挠的人，这种性格在处理没人要的动物时非常有用。和救援运动中其他很多人一样，她的人文关怀根植于对于痛苦的个人理解。几十年前，那时她才刚刚结婚，她在一次游行中骑着马，突然被一辆卡车撞到，之后又碰到了电线杆上。她伤得极重，背部多处骨折。

那种疼痛感始终没有完全消失，但是最终她还是恢复到有能力爬到一个废弃的屋子里寻找一窝小狗，或者取得一袋狗粮。拯救狗成了驱动她的使命。当她跟北海岸建立起联系的时候，人们曾认为她收集的那些狗要被送到东部的实验室去。那真是那个时代最骇人的故事之一，狗贩子开着货车，把狗运出去被活生生地解剖掉，想到这故事有时的确真实地发生着让它显得更加骇人。事实上，赫捷臣曾经收到一封来自纽约中餐馆的信，他们想要拿狗肉做料理。

“珍贵的朋友”最终成了整个南部所有收容所的交换中心。赫捷臣说：“我们狗的来源包括阿拉巴马州、乔治亚州、路易斯安那州、密西西比州和密苏里州等。”他们每听说一个收容所，就会去看看能否从那里带走一些狗。有时候他们还会派辆卡车去路上接。赫捷臣是动物阉割的改革家，她对自己的事业很有奉献精神，但是如果爆发了某种犬科动物的传染病的话，可能所有的狗都要被安乐死。这种事之前的确也发生过几次，没办法，要照顾所有的病狗实在是又费钱又耗时。赫捷臣在某种程度上来说是一个心软的人，她通过把狗带回家的方式把自己的工作带回了家。现在她家里就有 5 条狗，但她也保持着一个专业人士应守的界限。“要拯救所有的狗的想法是不现实的，”她说，“你必须要着眼于全局。”

现在她找到了一个可以应付这些压力的人，那就是克里斯汀·布鲁克斯，一个 27 岁，金黄头发的心思缜密的女人。布鲁克斯的丈夫在阿富汗的一个作战基地担任炮兵长官。她告诉我说：“他甚至都不能告诉我他的具体位置。”在收容所的嘈杂中，在旁边屋里小狗的喧闹中，她始终保持着注意力集中，尽管有时候她眼中会出现一丝恍惚。“他第一次离开的时候，我紧张得不得了，”她说，“我不得不学着专注于我的工作。”现在她已经学会了把情绪和工作区分开来，这对于处理狗的事情有很大帮助。她高效而不傲慢，头脑始终清醒，对于自己所做的事情有控制力。

在仓库的一个角落里，在一些散落的钢笔之间，布鲁克斯指着一对腰线很低的，满身乱毛的成年犬告诉我，它们的名字分别是奥斯卡和索菲，它们的主人是一名军人，上个月死在了阿富汗。他的妻子在告诉两个孩子父亲的死讯之前将这两条狗送走了。那一定是难熬的一天。布鲁克斯没法不管这两条狗。现在它们正被送往长岛，与一个全国性的悲剧之间的联系会让它们更易被收养。它们虽然状况很糟糕，但是滑稽的外表也让它们有了一定的优势。

过了一会儿，一个售货车带着一堆斯特拉的亲戚过来了。那是4只实验室小狗，大约8周大，推车的是一个灰色长发红色衬衣、面容刚毅干练的女人。她从邻县过来，是“珍贵的朋友”的常客。像她这样的救狗者都是自由经营者，通过口头宣传来提供社区服务。斯特拉就是这样来到这里的，在这里人们给它检查皮疹，接种疫苗，然后就运送到下一站。

收容所这一行的每个人都会说起那些顾客良心的麻木，比如顾客们常常会说：“过来把这狗带走，不然我就准备把它扔在路边了。”这是种懦夫博弈，他们利用了救狗者柔软的心肠。有一种缓解人们抛弃狗的负罪感的方法就是把狗送给那些要狗的人。有一些人，会更残忍地抛弃不想要的狗。赫捷臣说，有一次一群孩子看到红河边的树上挂着一个蠕动的袋子，他们想办法把袋子取下来，一看是一窝一周大的小狗。他们就把这些小狗送到了“珍贵的朋友”。这些小狗算是幸运的。在这里标准的安乐死是在晚上用一个旧枕套，几块石头，从小桥上扔下河里。或者人们会把它们扔进垃圾场，或者直接活埋掉。“我们已经不再生活在那种你直接射杀自己的狗或者淹死自己的狗崽的时代。”赫捷臣一边说一边摇着头，可这个问题现在确实存在。这是一个基本的价值观的冲突。让人们用文明的方式对待狗是一个宏大而困难重重的工作。

下午布鲁克斯带我去见了大卫·赛尔比，他当时是城里的动物检疫人员，深色头发，穿着干净的制服，就像是纪录片《梅伯里的安迪》里面的人。赛尔比的工作既让人恼火同时也使人愉悦。人们把蛇和短吻鳄放到野外，之后这些东西可能会跑到一些让人想不到的地方去。去年有个即将丧失房屋赎回权的人把自己当作宠物养的狼放到了树林中，这些狼马上就成为当地家畜们的威胁。这还算好的，跟人打交道就更累人了。赛尔比曾致力于通过一个禁止狗乘小卡车顶的法案，这真是个非常明智的想法，在这个地方几乎没人能想到。赛尔比对当地邻居对狗的轻率和不体贴感到很惊讶。他耸耸肩膀说：“大多数南方人都把动物当成个人财产看待，要是你不想要它们了，就把它们带出去一枪打死，或者把它们丢在树林里。”人们在闷热的夏天把狗扔在外面或关在车里暴晒，那个温度下感觉就像洗桑拿一样，甚至还会更热。他说：“你只得教育他们，努力让他们明白。”他告诉我，有个女人曾在她的地下室里养猎犬。那些猎犬才3岁就老态龙钟了，出生后从没见过太阳，都得了白内障。

赛尔比告诉我，最让人恼火的是“每周都有那么十来个人进来说：‘我要搬家了，我想让你给我的狗找个下家。’”这时他想对这些人说，让我先查查字典看看伴侣动物是什么意思吧。然而，他告诉我说他会直接告诉这些人说，你们的狗很可能只有 3 天时间，也最多只有 3 天时间。3 天时间到了它们就会被宰掉。那些人会问：“不能给我的狗一个机会吗？”赛尔比说：“你们又给自己的狗什么机会了吗？”

那里的狗有 3 天时间，不过赛尔比觉得有收养价值的那些狗待的时间就不一定了。他带着我和布鲁克斯去看了看那些可能达到“珍贵的朋友”的要求的狗。有一些棕色的斑纹狗长相凶猛，因为惊吓到了邻居而被没收了。这些可怕的家伙们实际上只是在做人类教给它们的事，在做它们唯一会做的事，但是这样的狗可能不会被救下了。下面的几个笼子里是一对优秀而美丽的耷拉着耳朵的猎犬。有一次一个卖饼干的男生骑车从门口经过，这两条猎犬追着他跑出了 2 英里，最终扑倒了他。结果那个男孩被咬得在医院里缝了几针。狗主人因此被逮捕了，现在刚刚保释出来。这些狗也没什么机会被收养了。另一个笼子里是一只蓝眼睛的白色牧羊犬，它可能是一对双胞胎中的一个，另一个刚刚被布鲁克斯送去了北海岸。它有机会被收养，但是还不确定。

赛尔比是一个热心肠的人，他很爱狗。虽然他并不认同邻居对狗的看法，但他还是对邻居很好。但是这个地方狗的数量实在是太多了。去年他们收了 8000 条狗，“其中的 42% 都被执行了安乐死”，他对我说。他看着我的眼睛，仿佛在告诉我他已经准备好因为这个数字而被批判了。虽然我听过更恶劣的情况，但是他杀的狗还是很多的。“你常常要为这个问题头疼。”他说，现在他和一个与东海岸类似的组织建立了联系，那个组织叫作“犬类救护中心”，那个组织会把他的一部分狗带到西海岸去。“我们先看看这样做行不行。”他说。

“如果一个人连自己的狗都不能射杀，这个国家会怎样？”这是雷·科平杰的车尾上贴的话。在克拉克斯维尔的时候，每当我想起这句话，都会觉得这对于东部的人来说简直太刺耳，因为在田纳西州北部的城镇里人们从来没有想过这样的事。在南方的一些城市中，射杀那些行为不良的或者老弱病残的狗实际上已经成为一种习惯。然而这是一件很有必要的事，因为很多地方都没有公共的动物管理机构，所以对于那些成为麻烦的狗，除了射杀也没有别的选择。而且这也是一种根深蒂固的文化。对于很多南方人来说，大卫·赛尔比每天做的那种事情，把狗当作平等的人一样对待的这种想法都是疯狂的、不切实际的。狗属于农场，而农场属于农民，这才是正道。

人们仍在讨论那些边远的地方，在那里除了小汽车的样式之外其他一切基本都没有改变。这事儿既让人骄傲又让人害怕，这表现出一种文化的传承，但是甚至有点儿神话色彩。尽管有些残酷，但那些边远地区的乡村仍然是狗的天堂。一个捕熊犬除了把熊赶上树还能做些什么呢？我想象着田园里的狗懒洋洋地躺在土地上，等待着下一个可以供它追逐的东西。

在这种地方，自由的意义有些不同，就算是对一条狗来说也是如此，它可能在树林里追逐一只浣熊，要多快乐有多快乐，也可能被锁在狗链上，风雨无休地冲着靠近的生人狂吠。想要操控这些的念头会显得很疯狂。如果一条狗最后很痛苦，那也是自然发生的事，为什么要把政府牵扯进来呢？

是城市里的人不懂得慈悲会阻碍人干农活，然后大家都会挨饿。一首塞缪斯·悉尼成熟时期的名叫《早期的救赎》的诗作，从一种不同的乡村文化的角度表达了这层意思：

> 现在，当狗尖叫着被推入水中溺死
> 我只是耸耸肩说声“该死的狗”，这也合理
> 可当“拒绝残忍”的说法开始在小镇上兴起
> 死亡不再是件寻常的事
> 但在经营良好的农场里害虫都是要被杀死的啊

对动物的慈悲是一种奢侈，村里的农民常常承担不起这种奢侈。那些被蜷缩在水管下面的桶子里的狗，主人们并不是不喜欢它们，只是不得不把这些不幸的狗抛诸脑后。

对于那里的很多人来说，保姆式国家的那群人从北方和南方大规模地涌进来了，就像一个半世纪之前的北军士兵，带来了那些不受欢迎的限制性的法律，并告诉人们如何经营农场。狗如从前一样处在一个复杂的位置。人们都想为狗崽厂的经营设定一些起码的规则底线。它们不应该像养鸡场那样，因为鸡养来就是为了做成食物的，而狗则要住在人们的家里。越来越盛的舆论在说，狗不应该在出售的时候才被当作人一样对待，这种虚伪简直让人无法忍受。2009年田纳西州高票通过了一个常识性的狗崽厂的管理法案。密苏里州以销售狗崽为主业，占其全州贸易总额的30%，即便是在这样一个州，美国动物保护协会仍想办法通过了一条限制狗崽厂活动的全民公投法案。

但是在得克萨斯州和北卡罗莱纳州，狗崽厂的法案却被一个农业游说团队阻止了，因为他们觉得一旦狗受到了特殊待遇，其他牛啊鸡啊猪啊之类的保护法案就会接踵而来。美国动物保护协会的领导者韦恩·帕赛尔，曾给动物保护协会当过10年的说客，他穿着气质高贵的套装站在华盛顿K大街上的样子看起来好极了。但是在很多的州他只是一个外乡人，带来了为动物安排的看起来很明智的外乡办法。1985年当帕赛尔还是耶鲁大学学生的时候，他成立了一个动物权利组织。带着少年的理想和热血，他说过一些很激进的话。作家泰德·凯拉索为写《血脉亲情》这本书采访他的时候，曾问他将来养宠物的事会不会被废止。“就我个人观点来说，”他说，“那是一定要坚持推行的，实际上，我根本不想再看到一条狗或一只猫出生。”

但那是很久以前的事了，那只是帕赛尔年轻时期无果的动物哲学和他脑中人类对其他动物没有任何罪恶与伪善的理想社会。从那以后这些东西就算没有彻底消失，也被帕赛尔深深地埋藏了起来。狗的问题对于动物保护协会来说是核心问题，因为狗崽厂的运作机制让人震惊而且它支持着一系列正常的公共社会关系。动物保护协会融资的基础是人们认识到这个组织的核心活动之一就是照顾流浪狗和流浪猫，但这种认识并不完全准确。

保护动物监督会的经营者里克·贝尔曼，是一个常年为农业游说团体工作的公关人员。这个组织曾试图把狗从动物保护协会广泛的动物保护使命中剔除出去。这个组织的报纸广告向公众宣布了一个事实，那就是动物保护协会只用不到 1% 的预算来支持动物收容所。贝尔曼精确地指出了他的客户的忧虑，他们担心对狗的保护会像毒品一样，你尝了一口之后就会想要更多，比如对猪的保护或对鸡的保护等。他希望人们把注意力放在自己的宠物身上而不是放在那些工厂化农场里正在发生的事身上。但是由于动物保护协会有着强大的资金和四通八达的信息网，它们可能已经做到了贝尔曼和他的盟友们做不到的一件事，那就是推动人们关于如何对待动物的观念的改革，即使在中部的那些州也是如此。谁会相信动物在笼中也能让自己的处境好转呢？

由于很难辩驳这些常识性的规则，保护动物监督会用于对抗动物保护协会的观点就是这些举措其实只是整体修正农村生活方式的第一步。

谁知道如果斯特拉还待在它的出生地的话，它的生活会是怎样呢？它可能没有自己的生活，毕竟大家都说在领养时黑狗并不受欢迎，但有人也说要是不受欢迎，那怎么会有这么多的黑狗生出来呢？又或者它的生活会像首田园诗，它追逐田里的野兔，它被小卡车载着到处跑。但是这些都不是现实，现实是它被一辆货车运到了纽约。

我见到布鲁克斯和赫捷臣之后的那天，北海岸的货车装满狗去了纽约。司机詹姆斯和克莱尔是很搞笑的一对，就像一对没有配角的双簧。克莱尔戴着太阳镜，有着浓重的长岛口音。詹姆斯舌头上有个舌钉。我问了下他们的开车习惯，詹姆斯说："开车的人可以决定听哪个电台，她喜欢乡村风格，但那对我来说可真是不堪入耳。"他们互相找乐子，在17个小时的漫长旅途中，这可是件好事。由于载着很多的狗，他们在外面的路上算是名人了。不论他们停在哪儿，都有人想来看看他们的狗，偶尔他们也会满足一下大家的愿望。

那真是紧张而快乐的一天。每条狗都有一个编号和它们的故事，记录在小狗笔记中。那是一个放在一张旧书桌上的活页本。布鲁克斯和一个老兵在桌子旁边，负责给狗注射疫苗和检查皮疹。在收容所中，小狗的健康状况会不可避免地下降。就像诺亚方舟一般，一群动物要移居到一个新世界去。实验室杂毛犬奥斯卡和索菲蹿出门外去晒太阳，它们完全不知道自己的未来将会如何。它们的笼子比其他狗要大，就像是有自己单独更衣室的名角儿。然后进来了一些杂种的大白熊犬，才9个星期大就已经十分伟岸了，它们的爪子就像足球一样大。当哈克特和布鲁克斯为它们检查牙齿和接种疫苗的时候，它们的肘部在不锈钢的桌子上轻轻颤抖着。然后它们被扛在一个收容所工作人员的肩上带出门去了，在往新世界去的时候眼睛一直望着自己的旧世界。

然后进来的是拉布拉多犬。很多拉布拉多犬的脚趾都是白色的，胸口上也有白色的火焰状茸毛，就像它们的祖先圣约翰犬的外形似的。卡车逐渐被装满了，这里完全是狗的大聚会，已经像是一个疯人院了。曾经斯特拉也是这样一路走过来的。它一直都不喜欢坐车，我总是没来由地觉得这和当初它坐车走的这一路有着某种关系，或许这一路使它留下了某种心理阴影吧。收容所的狗在这几个月中一直被关在笼子里，像精神病人一样被对待着，不论你向它们表达了多少爱意，这几个月也都是这整个系统的瑕疵。一只动物的一切，既是由基因决定的，也是由它的早期生活决定的。如果动物被虐待了，或者仅仅是简单地被关在笼子里了，都会造成后来的各种问题。这些问题并不一定会减少我们对宠物的爱，甚至还会增加我们的爱。但是这始终是这个在其他方面都很完美的系统中一个不完美的地方。如果我们一定要设计出一种给国家产狗的方法，那这种方法肯定是不行的。商业养殖者的游说团体认为这些问题，加上很多地方的狗短缺问题，都在告诉我们应该放宽繁殖狗的限制条款。但是那无异于引狼入室。

所有狗都装上车之后，我进了布鲁克斯的多功能车，我们往乡下开去，斯特拉的家乡就在那附近。我们去拜访格林利，她住在休斯顿郡，是“珍贵的朋友”的狗的主要来源之一。在休斯顿并没有权威的动物管理部门。赫捷臣的孙子科迪开着车，他是一个毛发浓密的 22 岁小伙子。他在学校学习了水下建筑的技术，但是他在墨西哥湾岸边做点钻探工作的计划却被墨西哥湾漏油事件给破坏了。尽管这次旅行距克拉克斯维尔只有 30 英里，但对于布鲁克斯和科迪来说也是一次冒险。在我们开着车的时候，布鲁克斯指着让我们看，那边有一群穿着黑白条囚服的劳改人员在服役。拖车的草垛上晒着烟叶。我们在乐其店外的加油站和便利店停下来喝点东西，看到一个留着长长的白胡子的老头坐在户外椅上，他脚边有一些黑色和白色的狗，好奇地看着这个世界。一群少年从桥上跳进河中凉快一下。我用自己这个纽约人的眼光看着他们的生活，就像是看着一部卡通。我想如果他们看到我穿着浴袍去拿时代杂志，听到我说“拿铁”这个词（就算我畏畏缩缩的），或者看到我戴上自行车头盔骑车去上班，也一样会觉得像是在看一部卡通吧。

格林利的屋子就在刚过蒙哥马利郡，进入休斯顿郡仅 1/4 英里的地方，是离纽约狗共和国最遥远的岗哨。格林利的房顶上盖着一块蓝色的防水布，门口摆着一张沙发和几把椅子，这些都是为了给里面的 40 只狗腾地方而挪出来的。格林利是一个将近 50 岁的精瘦女人，晒黑的脸上能看出饱经风霜，有着长长的泛灰色的金发。房子后面养着两匹马。格林利告诉我其中一匹马已经 28 岁了，如果不是她阻止早被杀死了。另一匹现在已经完全瞎了。她说："这就是一个缺陷者的屋子。"

格林利之前是个军人的孩子，现在她就是这个平静的王国的女王，尽管这里与世隔绝，远离尘嚣，但她还是有一些在现实世界中的使者。她在克拉克斯维尔附近长大，结婚后搬了出去。她开了几年的卡车，离婚之后又搬回来。之后她被感召，开始从事这份工作，这是一件祸福参半的事情。她知道她做的事情意义重大，但是负担也很重。"他们外面把我叫作女巫，因为他们把半死不活的动物带到我这儿来，我就能照顾它们使它们完全康复，"她说，"狗需要人们的照顾。"她担任起了当地的兽医，免费为动物缝针。这份工作十分耗费体力，有时一天要工作 18 个小时。她的狗有些比她还要高大，拽着狗绳拖着她到处乱跑，有时她的胳膊都给拽得脱臼。"外面那些人有些是好人，他们中有很多人都很穷，作为一个好的猎人，他们打死什么就吃掉什么。"她说。但是也有一些人只对杀戮感兴趣，她说到这里白发都微微有些颤抖，"只要看到小浣熊一出来，就放狗冲上去袭击它"。

有时候他们把那些年老的捕熊犬带出去打最后一次猎，再把狗放掉。有时候他们用枪打死这些狗，也有可能他们下不了手。还有的时候他们就把一只怀孕的狗扔到格林利的草坪上。她对这些悲惨的故事和人类如何不人道地对待狗的事情很了解，她了解她的敌人。

当她完成当天的使命回到家的时候，有时晚上她会看到一辆小汽车停在桥上。“我知道他们在做什么”，她说着，眼睛眯了起来，“手里拿着个袋子，里面装着一些石头，袋口还扎得紧紧的。我不喜欢大多数的人，我不喜欢。”

她睡在一个胜佰德房车上，那也是动物们的窝。她那里有一个猎犬妈妈，那是一只被抛弃的猎犬，那是她花了几周的时间才抓住的。她还有一些几周大的小狗。这些小东西挤在一团，眼睛眨呀眨的想要睁开。等到它们长大到可以乘船的时候，北海岸的收容所会用船把它们送到纽约，它们最终会成为纽约的狗。

格林利不让我们进屋，只是带出来了一队狗，这些狗都是倒霉孩子，每条狗都有它自己的故事。它们的毛发梳得很整齐，吃得也挺肥的，有几个吃得有点太肥了。有一对拉萨阿普索犬，它们这个年纪在幼犬滥育场里已经没什么用了，它们的舌头懒洋洋地从牙齿脱落的嘴巴里伸出来。下一个是一只可爱但是畏畏缩缩的小比特犬，它浑身布满伤疤，耳朵还有几个缺口。它的腿就像是被什么啃过一样。它曾经在斗狗的训练中被当作诱饵。每次格林利走进屋子里，屋中就会传出一阵震天动地的狗吠声，我发自肺腑地觉得这真是一种有魔力的声音。

有次格林利告诉我说，一个邻居曾指着她的马说：“天啊，这就是个吃货，你为什么不把它干掉呢？”格林利说：“嘿，比尔，你那条腿瘸得那么厉害，或许别人也应该把你干掉吧。至少这马把我的草坪啃得很平整。你知道的，我们其实都有些毛病，每个人都有。”

科迪那天晚上有约会，所以他急着回到克拉克斯维尔去。回去的路上我们穿过静谧的乡村，他指给我们看他逮到人生第一条鲶鱼的池塘，那时他爸爸正在布网，那条鲶鱼差点把他拽进水里去。他们的学校、路边的屋子、交通指示灯等等不断映入眼帘。“现在我觉得我们又回到美国了。”科迪说。

第十四章

感同身受

造就了斯特拉从田纳西州乡下到曼哈顿区中心的大迁徙的这种爱惜动物的态度其实是维多利亚时代的产物。18 世纪到 19 世纪人们兴起了对于动物的同情心，当时有关动物智能的新科学也在出现和发展。这种同情心在 20 世纪早期到中期有所降低，现在又强势回归了。而狗又成了一种标志性的物种，比如斯特拉在我们家的位置也告诉我们应当如何对待其他动物。但我们应当清醒地认识到，这个工作还远远没有完成。

《圣经·旧约》在对待狗的问题上是非常严酷的。实际上，它似乎只对狗抱着特别讥讽的态度。《圣经》中的狗可绝不会拥有等同于人的荣耀（尽管有些有问题的人连狗都不如）。在《圣经》中，狗常常被与污秽不洁联系在一起，它们会啃食没埋葬好的尸体，对人们来说是一种威胁。

笛卡尔虽然在哲学上很激进，却对《圣经》中人类对动物的统治给予了肯定，他说那正是其他人权得以传承的原因。启蒙运动于 1789 年到达狗身上，那一年杰里米·边沁[1]对于笛卡尔的论断提出

[1] 杰里米·边沁（Jeremy Bentham，1748—1832），英国哲学家、法理学家和社会改革家。

了反对。他把狗的地位同人类群体中某些具有相当价值的成员进行比较。“一匹发育完全的马或者狗，”他写道，“不用比就可以知道，它比几天大甚至一个月大的婴儿更加理性，也更容易交流。但是如果我们反过来，用对待狗的方式来对待一个婴儿，那样好吗？当然不好。动物们不能跟你辩论，也不能讲话，但是它们却会感受到痛苦。”

边沁曾在他在亨顿的房子里养了一只据他所说“很漂亮的猪”。他很喜欢用木棒给那只猪搔痒，或者像逗一只小狗一样挠它的下巴（尽管他最爱的其实是猫）。正是由于这个原因，边沁在争论中持着非常坚定的观点，那只小猪本身，就是他道德心的归宿。动物会有感觉，特别是会有痛苦的感觉，这是一种非常重要的特点。

罗马尼斯和摩根这样的科学家会争论狗究竟会不会思考，但是最终却发现这种争论真是疯狂而可笑，动物是不可能感觉不到痛苦的。在动物能感觉到痛苦的这个论断之下暗示着一个假设，那就是动物其实是有意识的。被解剖的狗会持续地挣扎，那可不是什么轻松的表现。边沁打开了通往动物意识的大门：它有感觉，那它就能有意识。边沁主义另一个著名的主张是把生命归纳成了简单的算术，把快乐和痛苦算成一本账。对于即将到来的工业时代来说，这种资产负债表是绝佳的选择，很明显这并不是个巧合。边沁提出的动物的痛苦的概念是一个很有用的观点，但并不总是一个出色的观点。他把怜悯给量化了。

直到启蒙运动的后期，同情心才被限制在家庭这个最小的圈子里。没有人会想要去管理全世界所有的痛苦，只有上帝才能那样做，普通人哪怕只是想想这件事也会让人觉得他像个傻子。世间的痛苦就像潮水一样，不是人力可以阻挡。

就像詹姆斯·特纳在他著名的社会史专著《野兽猜想》中指出来的，现代人越来越重视对痛苦的恐惧心理了。就像威廉·詹姆斯1901年曾写到的20世纪发生的一场道德上的变革：“我不认为我们现在还应该平静地看待生理上的痛苦了。”

基于动物也会感觉到痛苦这一事实，将对人类的关怀也延伸到动物的做法的确是很无私。但是对于动物的痛苦的考虑只是动物保护改革的一部分推动力。另一个重要的因素就是这些文明人不愿意看到这些事情，但是从有物种歧视的传统观点来看，那些低级未开化的人们似乎对这些事情很有兴趣。文明人对动物的感受很同情，同时对那些未开化的人的行为感到很恐惧。那些未开化的人喜欢看一群狗把一头牛给撕碎的表演，在这个野蛮而吓人的练习中有些狗也会死掉，那真是一场原始的血腥厮斗。

这种像野蛮人一样的现象让所有文明的人一看到就会有想要清除掉这一切的冲动。对动物的关怀是高尚的象征，是文明进程的保证，它是一种奢侈品，甚至是一种绅士做派。而且这也是一种城市人的问题。19世纪时，在伦敦，其他任何一个城市也一样，不论一个人的社会地位如何，当他看到一个畜生贩子抽打自己的马的时候都不能当作什么都没看到似的走开。一切都显而易见。早期的同情运动从一定程度上讲是让城市变得对文明人更加安全的一种方法。

在美国，这种19世纪的强迫行为聚焦在一个名叫亨利·伯格的富二代身上。1813年他出生在曼哈顿的一家造船厂，伯格曾上过哥伦比亚大学，但是没有毕业。他对于家族企业中的工作并不上心，但是他和他的妻子玛蒂尔达一直活跃在纽约、萨拉托加斯普林斯和华盛顿的上流社会社交圈中。伯格长得有点呆板，大长脸，满面胡须，但是他强大的气场和泰然自若的风度让他看起来不显得那么滑稽。他很讲究礼节，对于语言也很有天赋。1847年他结束了自己的事业，开始了为期3年的欧洲旅行，在那里他大大开阔了自己的眼界。

在西班牙，伯格和玛蒂尔达去观看了几场斗牛表演，那种血腥的场面把他们吓着了。在其中一场里，20匹马被刺死，8头牛被杀掉，这充分迎合了观众们的胃口，但是却让这两个美国人感到很反感。“我们从未感受到过如此强烈的厌恶感，”伯格在日记中写道，“也从未有过如此发自内心地对那些人的鄙视，他们竟还把自己称作文明人，把自己称作基督徒。”去俄国的一趟旅行激起了他对外交事业的兴趣，他找到了林肯的国务卿威廉·苏华德。威廉也是个纽约人，他推荐伯格做了美国驻莫斯科大使馆的馆长。伯格的优雅风度在任上帮了他很大的忙，他是沙皇最喜欢的人，沙皇还曾经把自己的游艇借给他。

有一天，在圣彼得堡的大街上，伯格乘着马车，他的车夫身穿制服赶着车。当他们转过一个拐角时，一阵愤怒的喊叫声引起了他的注意。原来是一匹拉着两轮马车的马右前腿瘸了，但是车夫还是在用一根棍子拼命地抽打着那马的脖子。法语当时是圣彼得堡的通用语，伯格就用法语命令他的车夫停下去告诉那个两轮马车的车夫停止抽打他的马。“你没看到那头可怜的牲畜已经受伤了吗？”伯格说。马里恩·莱恩和斯蒂芬·斯托夫斯基在美国防止虐待动物协会2007年的著作《关爱的遗产》中引用了这句话。一开始二轮马车的车夫觉得有点不可思议，但之后，他很显然是被伯格的四轮大马车和穿着笔挺制服的车夫震住了，于是就扔掉了手中的木棍。这个策略让伯格感到很高兴，之后他也多次这样做过。在这个领域他能让周围人都服从他的意志，而这也正是他在追寻的东西。“被这几次的成功所鼓舞后，”他后来写道，“我下定决心在我回到家乡之后，我要检举那些虐待自己可怜的牲畜的人，我要努力为下等的动物们伸张正义。要知道人们所享受到的2/3的利益都是从这些动物身上获得的。”

早期的人道主义者都是些怪人或傻瓜，比如那个叫作仁慈·马丁的人，他真是达到了自己名字的要求。但是新生阶级脆弱的感性和正在成长的城市的混乱，成了新的感性思维发展的强大动力。纵狗咬熊的把戏是有组织的人道主义者们要清除的第一个目标。这种残忍对待动物的行为被看作是其他一切恶习的根源。1824年成立的英国动物保护协会，短短30年内就成为主流，历年都有皇家人士参与进来，包括在1837年参加的肯特公爵的夫人及她的女儿维多利亚公主。这是一种不断渗透式的人道主义，这种教化的慈悲心通过有教育意义的小册子、书信和修正过的教科书的形式，从社会的高层逐渐向普通市民传播。

1865年伯格就是来到了这样一个迷人的世界，他热爱这里的全部。他喜欢这里的皇室，和他们的盛装晚礼服，他喜欢动物保护协会的“闪闪发光的杰出人士的花名册”，他这样写道。他很欣赏仁慈·马丁那种为了坚持自己所选择的道路而忍受别人嘲笑的精神，他觉得这体现出了马丁性格中的坚强和高贵。当他回到美国的时候，伯格利用自己的社会关系，大张旗鼓地号召纽约的贵族人士联名签署一个请愿书。这个请愿书尽管没有按照杰斐逊的韵律，但却自觉地以自由宣言为模板拟定。“所有签过字的人，”他写道，“为那些自私野蛮的人对待可怜动物的残忍而痛心，并拥有对于动物的慈悲，希望能抑制这种现象，做出了影响这个社会道德层面的决定。他们都愿意成为一个致力于实现这些目标的社会赞助人。”

美国防止虐待动物协会是伯格的新组织，这个组织被赋予了实行新的动物权利条款的法定权力。伯格的职员被称作是动物保护代言人，他们遍布在整个纽约市，只要有捕捉狗的人或者殴打马的人，就有他们的身影出现。但是最显眼的还是伯格，他的满面愁容和一尘不染的正装就是他的新公司的标志。

对于普救主义者的理想来说，这个新的动物福利运动明显是上层人士的激情演绎。这很好很善良，同时还很“聪明”，这一点让伯格很是高兴。“保护那些无人关心的可怜牲畜已经是很流行的事情了。”他后来写道。尽管他确实为被虐待的动物感到十分痛心，但是早期的动物福利事业中，谁统治着这个城市，谁的规则处于支配地位，也是非常重要的事。在把城市变得对动物们更加安全的同时，伯格也将城市变得对感性的有教养的贵族们更加安全了。伯格是一个阶级斗士。

一开始狗并不是伯格最关心的问题。纽约到处都是狗。有时候那些买不起马的落魄商人会用狗来拉马车，有些狗也会被用来拉电转烤肉架，但大多数的狗只是待在那儿，挤成一团。捕狗人会定期地来一趟，把它们抓走放进兽栏里。大多数狗最后都会被关在铁笼里，用吊车吊着，拖入东河中淹死，一次淹死100只。那真是一种混乱的景象，像是现代城市里的病态狂热，就发生在离富人区不远的地方。而在富人区里，狗在那里懒洋洋地闲逛，供人们玩赏。但是和马或者其他家畜不一样，狗和猫被看作是一种威胁，因为它们可能会让人染上狂犬病。伯格坚持认为人们对于狂犬病的恐惧太夸张太不合理，他呼吁人们停止这种对那些“对人类无害的值得信赖的朋友”的任意杀戮。

在那个时候，狗已经成了理想生活的一部分，这个变化对于伯格的项目是一个不小的推动，养狗的魅力开始和对狗的保护结合在一起。1877年他在威斯敏斯特养犬俱乐部的第一届会议中发表演讲，在麦迪逊广场花园中着重强调了一个观点，那就是，这样棒的动物应该让那些真正关心它们的人去养。这次活动的收入的一部分，1297.25美元，捐给了美国防止虐待动物协会用来为动物找一个下家。第二年伯格没有演讲，而是写了一封信。“所有文明的想法都是为了更好地发展，”他说，“为了达到这个目的，人们建立了学习机构，从而人类变得更高贵了。我们为什么不把这个理智的过程也应用到人类主宰的那些有感情的动物身上呢？我们没有理由不这样做。”伯格继续列举着狗的优点：忠诚、勇敢、警觉、感恩、宽容。“继续吧，先生，你的高贵行为意味着进步、美好和高尚。”

穿过小镇是城市的兽栏，那里的条件可一点也不尊贵。那些捕狗者们野蛮而且相互勾结，在当地臭名昭著，他们甚至会绑架人家里的狗然后要赎金。由于兽栏的糟糕环境，市政府持续受到伯格的攻击，他们也曾好几次要求伯格接管动物管控的责任。但是伯格都拒绝了。伯格并不完全反对安乐死。但他预见到，一方面政府应当自己支付照顾流浪狗的花费，另一方面接受这个工作会淡化自己组织的宣传使命。

1888 年伯格去世的时候，维多利亚时代已经即将结束。无轨电车和高架火车使城市的交通变得四通八达，曾经在城市里到处流窜的狗也都被送去了郊区。要推行管控残忍对待动物的行为的法律的闹剧也即将收场。街上充斥着牲口、牲口贩和各种绅士的 19 世纪的混乱局面也已经趋于理性化了。为了给不断增长的人口提供足够的肉类，杀死动物的野蛮行为不可能绝迹，只是现在这些野蛮行为在文明的当代人接触不到的地方进行着，最起码，像伯格这样的社会人士是遇不到这种行为了。有时候这种事也会突然冒出来，比如厄普敦·辛克莱尔事件的曝光。但是大多数人乐于把自己的目光放在别处，不去想他们吃的肉究竟是怎么来的。在伯格死后，狗和猫的问题成了美国防止虐待动物协会的核心问题。1894 年美国防止虐待动物协会与市政府方面签订合同，接管了动物管控的职责。

在伯格之后，动物福利运动不再那么有激情了，而且也不再是 19 世纪人们关注的焦点。它的确改变了动物们的处境，不过从某种程度上说改变的方式只是把它们踢出公共的视野范围。动物福利运动最后一个重要的战斗就是对抗活体解剖。活体解剖，这项让人害怕恐惧的活动，在欧洲大陆进行得较多，而在美国和英国并不是很普遍。那些越来越有文明自信的科学家们断言，活体解剖对于他们的工作十分有必要。但是动物保护协会和大部分的公众都对这种明目张胆的伪善行为表示强烈的愤慨。那些搞科学的家伙，穿着白大褂，拿着寒光闪闪的设备，他们本应是文明的花朵，然而却成了最野蛮的人。那些用来控制住狗的架子看一眼就让人不寒而栗，用来折磨狗的机器让人想起亨利八世时的一些新奇的刑具。伤害就是帮助，这是一种奥威尔式的悖论[1]。但是刚开始的时候科学家们并没有带来任何实际的帮助，毕竟他们的研究过于基础了。

到 19 世纪 80 年代，19 世纪那些使用活体解剖进行的研究在实际的医疗方面仍然几乎没有任何贡献。即使是细菌学家路易斯·巴

[1] 奥威尔（George Orwell，1903—1950），英国左翼作家，新闻记者和社会评论家，代表作《动物庄园》《一九八四》。奥威尔式悖论，即他批判的，他也奉行着。

斯德所带来的巨大科技进步也没能给反活体解剖者们留下什么深刻印象，他们质疑科学。1885 年巴斯德发现了狂犬病的病因，这在全世界引起了轰动。但是动物保护协会尤其反感他的工作。伯格曾主张狂犬病实际是由虐待动物所引起的。在巴黎，有一次 4 个纽瓦克男孩被曾患狂犬病的狗咬伤，人们将他们送到巴斯德那里救治，人道主义者们公开否认那条狗患有狂犬病。在细菌学界的人道主义力量更加侧重宣扬环境卫生，而实际上环境卫生意识的加强在过去的半个世纪里大大地提升了公众的健康状况。

人道主义世界与科学界的分歧越来越严重。对于医生而言，一些动物的痛苦只是完成工作的代价。不做出一定的牺牲，怎么能奢望进步呢？而人道主义力量认为这是对道德精神的曲解，让动物受难就等于不道德。自从 19 世纪中期以来科学的技术复杂性急剧增大，科学演变到了一种让人觉得陌生的地步。以前科学是绅士们坐在图书馆里做的事，现在科学是一群穿着特殊制服的人在新奇的大学建筑中做的事。现在的科学家是一种新的神父，是他们的上帝的选民，用他们独特的价值观来对抗普通人柔和的道德。他们并不像维多利亚时代的人那样待在舒服温暖的家里。他们也不会想要切开一条狗或一匹马去发现些什么。

之后在 19 世纪 80 年代，医生们运用他们在动物身上练熟了的技术，为很多病人切除肿瘤，拯救了他们的生命。而在这之前，肿瘤是致命的疾病。1885 年狂犬疫苗问世。除了狂犬病之外，白喉也是维多利亚时代的一大恐怖病症。小孩子一旦感染了白喉这个致死的病症，10 个孩子里有 4 个都会死去。但是有个国际团队分离出了白喉的致病菌，发现它是可溶于液体的。然后他们用巴斯德的稀释技术制造出了一种疫苗。1891 年在巴黎，这种疫苗第一次在人身上做测试，成功了。最终热爱动物的人们必须在他们对于可怜动物的文明与教化的慈悲心与他们对于自己孩子的爱之间做出一个选择。在关于白喉疫苗这个问题的辩论中，科学家得到了一种助力，那就是这个世界上最神圣而不可侵犯的感情——对孩子的爱。“如果你能，请尝试决定一下，要多少条狗的生命和多少条狗的苦难才能等同于这种治疗模式所拯救的生命和所减少的我们的孩子的苦难。”约翰·马登博士是一个密尔沃基的心理学教授，他在跟反活体解剖者的论战中这样写道。“成千上万哭泣的母亲，”查尔斯·里歇是一个心理学家，也是血清疗法的先驱者，他用华丽的修辞在一个支持活体解剖的小册子中写道，“成千上万咽喉溃烂的不幸孩子，在喘息，在窒息，在死亡边缘徘徊。这些事情在那些感性的人的心中与把一点点狗的血液注入一只兔子体内这么大的事儿相比简直不值一提了。”

在白喉疫苗之后，实验室的成功之门似乎轰然关闭了，动物收容所的安乐死房间的门也关上了，在之后的几十年里都没有再出现什么实质性的成果。关于活体解剖的论战从未彻底消失，但是反对它的论据似乎也失去了力度。通常情况下，动物保护运动中对于狗和猫的关心处于一个稳定的状态，就像是成了美国公共结构网络的一部分，既不超前，也不落后，只是做着自己分内的事情。

现在，美国防止虐待动物协会为残忍对待动物的问题找到了一个很好的解决方法，至少比之前的那个要好。铁笼，19 世纪淹死群狗的混乱景象，那些陪伴着这个城市的痛苦、恐惧和孤独，在历史长河中出现，然后消失了。走失的或是没人要的狗还是被杀掉了，令人难过但又不得不这么做。给这些可怜的小家伙一个没有痛苦的死亡，似乎是我们能期望的最好的结果。在之后的 50 年里，收容所中动物们的生命将会成为现代世界中一个隐秘的污点，成为工业经济这个广厦中一个黑暗的角落。很少有人会想到没人要的狗不该被安乐死。世界就是如此，以至于普通人似乎不用去考虑太多。

第十五章

狗的权利

20世纪70年代，是一个各种文化共识分崩离析，自由运动方兴未艾的年代。人们突然开始反思他们都做了哪些骇人听闻的事。狗也终于有了出头之日。人道保护协会的菲利普·莱特和他的同伴们终于有了用武之地，他们呼吁人们关注那些数量庞大的被人遗弃的狗的问题。1979年，一只名叫西多的狗成了狗地位发生根本性改变的导火索，并推动了拒绝杀害运动的出现。西多当年11岁，是黄褐色和白色的舍得牧羊犬杂交所生。它的女主人玛丽·墨菲被发现在公寓中自杀身亡。西多被带到了旧金山的防止虐待动物协会。防止虐待动物协会当时负责控制城市动物。墨菲希望在她死后行使她的遗愿。按照她的意愿，西多需要被执行安乐死。不管以她的标准，还是当时的标准而言，这种条件都是人道的。西多是她的狗，谁又能比她更爱它呢？墨菲担心西多最终会死在动物实验室中，这种担心是有理由的。

几十年来，大量的狗在美国的收容所中被杀死，但是人们却刚刚注意到这个问题。旧金山防止虐待动物协会的新所长理查德·阿维奇诺认为不能仅仅将狗看作人的所有物，而应该将其看作生命。就像人类一样，这些生命也应具有其与生俱来的权利。“我们认为不能让那些坟墓中的毒瘤来决定它们宝贵的生命，”他最近对我说，“我从来没在祷文中读到过死亡对于那些陪伴我们的动物是一种人道的解脱，也从未读到过夺走它们的生命是一种善行。”

阿维奇诺作为麦蒂基金会的新任主席，拒绝向墨菲财产的遗嘱执行人丽贝卡·威尔斯·史密斯屈服，而后者则为了赢得西多的所有权，立刻提出了上诉。因此，阿维奇诺开始将西多塑造成一个明星。这并不困难，因为西多是一只活泼、自信、迷人的狗，很快它就和记者们建立了紧密的联系。西多和阿维奇诺被拍到在一起嬉戏、兜风，在金门附近的马林岬游玩。西多甚至还睡在了阿维奇诺的床上。史密斯则聚集起强大的力量来支持她，这还包括来自于人道主义协会的支持。人道保护协会坚持认为，对于狗来说，安乐死是一个完全可以接受的结果。但是史密斯的团队还是无法抗衡阿维奇诺，无法抗衡他的刚直不阿、强大的公众拥护以及从民权运动积极分子身上借鉴的手段——他呐喊：比起屈服，他情愿坐牢。

公众舆论把史密斯渲染成了一个巫婆，而西多则变得魅力无穷。阿维奇诺告诉我：“西多就好像已经变成了主演一样。”这使得杀害它变得十恶不赦。谁会想去伤害那只小狗呢？民情激荡中，政府立法院通过了一项特别为保护西多生命而设立的议案：禁止几乎所有根据人的意愿规定的安乐死。

保护西多的运动后，很多救助狗运动相继出现。狗被认为拥有着和其主人的意愿相独立的权利。而收容所提出的“安乐死被用于控制社会中流浪狗数量的做法是人道和无可非议的”的观点也遭到了质疑。同时，这也表明利用公众舆论的力量可能是人道主义运动中最强有力的武器，尤其是从狗的视角得到人类的关心。有三千民众都表示愿意带小西多回家，但是阿维奇诺决定把它留在自己身边，之后西多继续活了 5 年时间。这件事情改变了公众的态度。

与此同时，动物收容所还存在着特有的机构问题。收容所的工人不希望被人当成凶手，然而他们恰恰却在杀害动物。这一悖论从 1894 年，美国防止虐待动物协会承担纽约市的动物控制任务开始，就一直存在于收容所体制的核心。公众对于发生在收容所里的事情一无所知，这对于收容所里的工人是有利的。工人们感觉自己就像是一个被选中的人，在做一些公众们不会自己亲自去做的事情。他们的“自卫机制”，阿维奇诺说，就是对自己说:“这并不是我们的错，我们真的很关心它们，但是我们只是工具。这对于不负责任的公众来说是一种解决办法。”并且，工人们还引以为傲，因为他们不仅仅能够完成杀死动物这种冷酷的工作，还能掌控道德的复杂性。塔夫茨的社会学家阿诺德·阿鲁克将这种现象称为“关爱—杀害”悖论。

西多的例子如一道光芒照进了收容所的世界，并开始改变这种状况。“我意识到，”阿维奇诺对我说，“如果你把动物的悲痛告诉人们，那么美国人的紧急救助本能就会集结起来，向前迈进。他们是非常慷慨、善良、乐于助人的。”但是，那道简单的光芒照了进来，却让人们看到了问题的复杂性。收容所的工人趋向于认为，公众可能不能承受那么多现实发生的事情。

有时，当一个人将动物交到收容所的时候，他们可能会咆哮着留下一句简单的话“现在，它真是一个问题”，然后就不管不顾了。但是在更多情况下，他们会找一个免责的理由：一个家庭成员过敏了，或者邻居抱怨它总是叫唤，或者房东不允许养狗。人们经常把责任归咎于狗本身——这意思似乎是：它不是一个合格的宠物。那些遗弃动物的人，总会将这样的责任传递下去，直到这样的说辞最终停下。

收容所的保密工作就像实验室、工厂化农场或者军工业的保密工作那样复杂。那些大厦里的房间是必须的，而且它们最好隐藏起来。在 20 世纪 50 年代和 60 年代，我们被要求信赖收容所的体制。你可以选择你手中要染上多少鲜血，选择正是工业经济的好处之一。

但是阿维奇诺的基本思想是依靠公众，而并非将他们从他们的工作中隔离开，这可能会解决一部分问题。之后，一个慈祥的大叔，一个和平缔造者，他开始让公众加入保护狗的工作中。通过改变公众的角色，他改变了防止虐待动物协会的惯例。

旧规则最终被埃德·杜温打破，他在阿维奇诺手下的旧金山防止虐待动物协会工作。在 1989 年一个叫作“以仁慈的名义”的宣言中，他谴责收容所体制是“一个巨型谋杀机器”，称是“屠杀的流水线”。他运用商业的语言，组织化的目标，用数学指出这些人的言行就是阿维奇诺所说的伪善。“当他们仅把大约 4% 的收容所预算用在教育上时，”杜温写道，“他们怎么能那么厚颜无耻地将杀害动物主要归咎于公众呢？”

杜温并没有饶恕公众。他提议杀害应该被公之于众，这样公众才能够知道这种不负责任的后果。“包括纯种在内的宠物们的繁殖”必须受到谴责，“理由在于，无论因为哪种原因，这些繁殖都会导致宝贵的生命遭到永远的监禁和杀害”。

“以仁慈的名义”是一个难以置信的宣言，迅速形成了燎原之势。它坚持的不言自明的真理是，每一个动物都应当受到关注，它们的存活率并不只是一个统计数字，而是一个个生命。这在当时是一个质的飞跃。这对于收容所工人造成了很大的影响，但是这只是这一宣言的光辉成果的一半。另一半在于它提供了一个重建那些已经被毁掉的东西的计划。杜温提出收容所的角色应该被志愿者项目所取代，并且他强烈呼吁社区扩展服务，在国家层面进行产业交流，更专业的管理以及更好的统计，使得发展进程能够得以计量。

在之后的一年，也就是1990年，阿维奇诺开始将杜温的想法付诸实际。他停止了防止虐待动物协会与城市之间的动物控制协议，这是至关重要的一步。他们不再负责对动物进行安乐死或者处理每一个困难的事件。他们的任务只是单纯地保护动物，并且使公众相信这个任务的重要性。也就是说，杜温和阿维奇诺带领这个城市和这个民族走在了拒绝杀害的道路上。他极力地推行切除子宫或者阉割的项目，低价甚至是免费为公众做相关服务。他们开始场外领养项目，在领养动物的同时，也为他们所卖的货品——也就是那些宝贵的狗打广告。他们鼓励养动物的人接收其他动物，从而弥补财政超支。通过社会化和训练，他们教授人们如何和他们的动物们生活在一起。同时，他们还训练动物们如何和主人共同生活。志愿者是其中的关键。他们不仅承担工作负荷，而且他们还领养超过他们份额的动物，还带动他们的朋友们做同样的工作。收容所不再在清冷的城镇近郊，而是成为社区的一部分。很快，在旧金山被安乐死的健康动物的数量降低到零。

旧金山，就像以往一样，成了典范。它有那么一丝理想国的感觉，这让其他地方很难媲美。它在圣马特奥附近，而后者在猫和狗的救助进程中起到了重要的作用。1970 年，这里开设了一家低价的切除子宫或阉割的诊所，在当时大多数人才刚刚开始看到它的价值。尽管这座城镇长期地为减少安乐死做着贡献，然而，它的半岛人道主义协会也在一年之内秘密地杀害了成千上万的宠物，而它们的尸体则被存放在一个冷冻的房间内，它们会被一家快递公司带走并添加到肥料里面。“我没有一天不想从这种阴影中走出来，”克里斯·鲍威尔告诉《纽约时报》，他是这所收容所的执行理事。但是这很难引起人们的关心。

“我感到恶心，”在一家收容所工作的动物爱好者金姆·司杜拉和一家报纸透露说，“我们希望不再从事杀害动物的工作，并开始去保护它们。”在 1990 年，她和她的同事提出暂禁狗和猫的繁殖。这项禁令后来进入了城镇委员会的议程。如果当时真的通过的话，那将是这个民族的里程碑式的事件。她在 3 家当地报纸分别买下了两页广告页面，曝光收容所中的秘密。这些广告展示了一桶桶死去的动物，而它们的爪子还搭在桶的边缘。标题写着，“如果没有你，我们什么也做不了”。她邀请电视台摄像和报纸记者来收容所见证这里每天的日常生活。在电视直播中，她和她的同事们给 4 只幼猫和 3 只狗注射了致命剂量的戊巴比妥钠。“你必须见到这一切，才能知道那有多么不道德，”她说道。一些记者不敢去看。这是在政治戏剧中一个令人震惊的片段，它肯定会引起人们的关注。

她和阿维奇诺都对将这些他们深爱的动物们，这些他们立誓去关爱的动物们处以安乐死这件恐怖的事做出了回应。不同的是阿维奇诺将这件事看作是制度问题，而司杜拉和很多收容所的工人们一样，将其看作美国公众道德沦丧的问题。秘密地处死这些动物的负担太过沉重，她希望公众们也要为此承担责任。“我们尝试着告诉公众这个数目，但是这并没有作用，”她告诉时代周刊，“现在是拿木棍去打他们脑袋的时候了。”

如今，司杜拉在萨克拉门托周边经营着一家叫作动物家园的避难所。在这里，那些逃离了工业肉制品加工流水线宰杀的家畜和家禽在这里过着它们的生活。在这里，还有在社区内乱闯乱撞的公鸡们。在道德的范畴里，这里绝对是纯洁的。司杜拉的双手不再沾有任何物种的鲜血。但是就动物救助而言，这却只是沧海一粟。这种地方像修道院一样，人们在这里终生致力追求美好理念的实现。一些动物确实被保护了，而司杜拉和她的同事也确定知道，这只是部分地解决，至于去拯救这个世界，还只是个幻想。这是一个美好的标志，但是对于如何处理工业社会中杀害动物的现实，它却将一个复杂的伦理和现实制度问题留给了他人。

在1994年4月，旧金山正式实行“拒绝杀害”。这意味着不会再有健康的动物因为缺少空间而被处以安乐死。狗从曾经的被当作一个救助中的统计数字变成了一个个体。至少在这里，杜温的愿景得到了实现。收容所从一个黑暗和恐惧的场所变成了一个向所有人开放参观的地方。它有着一队志愿者，一个远比之前强大的基金募集计划以及对其非常支持的公众。但是最重要的是，那种把收容所看成是一个悲哀的地方，一个会让领养者想到当他们选择一只狗也就等于让其他狗走向死亡的地方，这样的印象不见了。

这次运动没有解决所有的问题，还造成了一个新的问题。在阿维奇诺的成功之后，很多防止虐待动物协会和私人收容所都经历了这样的重大时刻。他们澄清了他们的任务，取消了他们的城市契约，并开始睡得更加安稳。他们不再是无家可归的动物的垃圾场。但是这样的收容所却只接收了很少的一部分动物。通过强迫政府承担责任，他们将责任转移回了公众。与此同时，宠物数量过剩仍然是一个问题。结果可能造成动物流行病的蔓延，这一明确的问题也正是当初防止虐待动物协会被创建时要处理的首要问题。

杀害往往还在城市投资的收容所里继续。而拒绝杀害则引发了一场唇枪舌剑，传统的收容所工人在经历忽视之后重新回归大众视野。“他们没有说动物们不应该死，”美国防止虐待动物协会的主席罗杰·卡拉斯说，“他们只是说，我们没有去杀害它们。”

这种在救助领域的分立使得传统收容所的体制比以往更加让人忧虑。这是一场在救助体制内部和外部之间的争斗。其中，最为愤怒的局外人就是旧金山的律师南森·威诺格拉德，他曾在 20 世纪 90 年代参加旧金山的防止虐待动物协会，之后他管理着纽约的汤普金斯县的防止虐待动物协会。他把这间收容所从一个长期表现不佳的收容所转变为这个国家最好的收容所之一，并达到了不俗的救助数量。对于接收的健康而友好的动物，他们实现了百分之百的救助。

之后，威诺格拉德进行宣传，相比于其他防止虐待动物协会普通的救助数量，他展示了他在汤普金斯县取得的成功。在杜温和阿维奇诺希望改革收容所，并对经营收容所的机构进行教育的同时，威诺格拉德则希望将其影响扩大。“动物收容，”他在其 2007 年的书《救赎》中写道，“是一个产业，而它的领导者大多是失败的。”这句话也成为拒绝杀害运动的宣言。《救赎》是一部相当富有激情的作品，超越了杜温的言论。杜温记录了他的愤怒，而威诺格拉德的语言则是充满轻蔑、嘲讽而又正直。其核心的思想是，宠物的数量过多是不存在的，它是在半无意识地鼓吹对大量的健康宠物实行安乐死的合理性。威诺格拉德记载了收容所工人们的无良行径，那些合理化和自卫机制使得他们隐瞒那些骇人听闻的真相，并通过建立程序来保护自己。如果说阿维奇诺是一个爱张扬、阳光乐观的人的话，那么威诺格拉德整个人都沸腾了。埃德·杜温已经在一定程度上原谅了收容所的体制，因为对它的反对都有些幼稚。他们也不知道怎样才能变得更好。但是，从 1994 年旧金山成为拒绝杀害运动的领路者开始，杀害动物变成了一种选择，从而使收容所的工人的言行也都有所改变。

拒绝杀害运动的力量没有任何衰退的迹象。这让人们开始关注到 20 世纪 70 年代的狗屠宰并且促使人们对于狗和人类之间应该建立起什么样的关系，形成一个完全不同的认识。

在英格丽德·纽柯克看到动物们的遭遇后，她在她的生活中为此做了很多事情。她出生在英格兰的萨里，她嫁给了一个叫作史蒂夫·纽柯克的赛车手，并搬到了马里兰的城区。1972 年，她成了一名股票经纪人。她的一个邻居搬走时，把她的几只猫丢下了，这些猫只能自己觅食生活。不久之后，纽柯克就在她家院子里发现了这些小猫。她把它们带到了当地的收容所，但是她在回去后，却震惊地发现这些小猫都被执行了安乐死。在此之前，她完全没想到事情会如此发展。“我觉得我需要为此做点事情，”在一篇 2003 年《纽约客》的文章中，她对迈克尔·斯皮克特这样说。她在收容所找到了一份工作，然而她发现的事实却远比安乐死要糟糕得多。这里的一切简直是麻木不仁。动物们在地上乱叫，猫和狗被脚踢、踩踏或者锁在冷藏室中。

纽柯克在收容所的经历转变了她对安乐死的看法。那并不是去结束一个生命，而是让它们从痛苦中解脱。她会到得很早去为更多的动物执行安乐死，而不是把工作留给那些经验较少，常常扎不准静脉，而延长这些可怜的动物的痛苦的同事们。有时，她会杀死几十只动物。她不相信狗或者其他的动物拥有权利——残忍和忽视是对于人类价值的亵渎。但是之后她遇到了克利夫兰·艾默利，20 世纪 60 年代和 70 年代最有影响的动物活动家，他创建了保罗沃森海洋看守育保协会，并逐渐变得激进。在 20 世纪 70 年代末，纽柯克在华盛顿人道主义协会遇到了活动家亚历克斯·帕切科，他向她推荐了彼得·辛格 1975 年的著作《动物解放》。

辛格的著作为她所拥有的本能提供了一个思想支撑，在人类和其他生物之间建立了一种道德公平。这本书充满煽动性的主题为人们描绘了一个和平的王国，在这里动物自由自在。但是对于动物们来说，它们目前仍然在遭受着痛苦。在 2009 年，一篇叫作“为什么我们实行安乐死”的博客文章发布了一些关于被虐猫狗的令人毛骨悚然的照片。纽柯克写道：“把它们环抱在我的手臂中，帮助它们逃往那个没有伤害和痛苦的世界。”对于纽柯克来说，我们的现代工业社会是一个难题，而安乐死是必需的善举。“只要动物们仍然自然地繁殖，并且人们不去给它们的宠物切除子宫或者阉割，对外开放的动物收容所或者像善待动物组织这样的组织就必须做一些社会的脏活。”之后，她还将收容所的工人们称为“黑暗天使”。

纽柯克对于其理想的陈述以及她的行动能力，好像有一些不人道。她的坚定让人透不过气：在 22 岁时，纽柯克就做了绝育，因为她认为要孩子是一件自私的事情。“要一个纯种的婴儿，就像要一个纯种的狗一样，”她告诉斯皮克特说，“那就是一种虚荣。”在她早期愤怒的言论中，动物们经常被看作是遭受痛苦的机器，而结束这种痛苦总是一个选择。她的思想是——就像边沁在后工业时代提出的，关掉的痛苦的部件越多，那么痛苦就越少。

在很多方面，纽柯克比威诺格拉德更加激进。（尽管在最近，就像其在 2007 年的新书《让我们开一场狗狗的派对》中写的，纽柯克更贴近狗狗们和大众。如果宠物的主人们缺乏善意，那么像善待动物组织这样的组织是没法生存的。）威诺格拉德谴责这些机构以及它们的运营者，而纽柯克则是对公众以及整个文化的非人道不满。她认为我们已经逾越了我们的管辖领域，应该退出来——我们并没有那样的责任。在她的思想里，理想的动物政策需要在动物和人之间建立起一面不可逾越的墙。“人没有权力去操纵猫和狗，也没有权力让它们去繁殖，这是底线，”她在 1984 年的《动物》杂志中写道，“如果人们想要玩具，他们应该去买一个仿制品，如果他们需要陪伴，那么他们应该去找自己的同类。”无论是对于动物还是对于人类，她的愿景都和那种理想世界距离很远。动物获得自由后将如何生存，并不是她所关心的问题。当然，当动物获得自由后，最大的可能性是它们会到乡村去，那些父母总是会告诉孩子们遗弃的动物会到农场，会得到快乐。善待动物协会的报告称，收容所接收的动物已经有 90% 以上被处死了，这个数字是如此让人震惊。这或许是动物解放的一个不同寻常的视角。

每个我接触到的从事与狗救助或者动物收容有关的工作的人都承认威诺格拉德和其拒绝杀害力量的愤怒、令人羞愧的言辞的作用：他们施加了一种压力，尽管其对于机构变革的想法还不够完美，但是这种压力确实是非常必要的。但是传统的收容制度却发现这种言论制造了一种政治冲突的环境，在这种环境中，动物的需要被轻易地忽视，而这恰恰是问题的核心。这阻碍了募捐的进行以及威诺格拉德所提倡的社区建设活动。实际上，那个老问题仍然存在：收容所的工人对动物实行安乐死是在帮助它们吗？站在他们的角度来说，即使所有的工作都做好了，威诺格拉德和他的同伴们仍然会将人道主义的构建看成是道德上的麻木无能，或者更糟。

现任美国防止虐待动物协会主席埃德·赛雅思自己也承认，他也是这样一群人中的一个。按照南森·威诺格拉德的说法，他也是一个应该被枪毙的动物杀手。“南森总是希望进行体制变革。”当我去他安静的办公室见他时，赛雅思带着浅浅的微笑说道。在这个坐落在西三十区第八大道里的脏乱社区内，能有这么一间像绿洲一样的办公室真是令人惊讶。“你不能总是变革体制。”在很多方面，赛雅思和威诺格拉德两个人虽然都曾就职旧金山防止虐待动物协会，但在对于现代动物的救助运动上却呈现出两种相反的态度。赛雅思一生都致力于从内部进行收容所体制的改革。美国防止虐待动物协会在1995年交出了动物控制的责任，但是却承担起了保护无家可归的动物的新任务。动物保护监控中心面临着严重的经费不足的问题——相比旧金山的每人3美金，其预算还不足每人一美金。借助他在旧金山的经验，赛雅思一直为加强美国各地防止虐待动物协会之间以及与其他人道组织和动物保护监控中心的合作而努力，并取得了不错的成绩。

当赛雅思给我们介绍他的动物哲学时，我们正严肃地坐在一个会议桌前，这种气氛就好像一个CEO在谈一个一亿美金的项目。狗对于他来说就是狗。虽然他也养一些狗，但是它们对他只是数字而已。他说到威胁的轻重程度，并根据在收容所待的时间长短和需要照顾的成本给它们分类：第一类是犬窝咳，第二类是长轮癣的，之后则是一些更复杂的状况。这些狗都是可以救助的，但是它们救助起来都很难且很费钱，救好了也活不长。不同的季节都会造成不同的发病情况。夏天是小狗容易发病的季节，收容所会狗满为患，且领养数量会下降。像卡特里娜飓风这样的事件发生也会对动物收容造成很大的影响。“这些细微的差别是鼓动的言论没办法控制的，”他说，对于这样的事件，“南森选择采取强硬的措施，而不是非正式的措施。”

他带我从这些狗中走过。“从第一天起，”他告诉我，“拒绝杀害就不意味着没有安乐死。”他赋予拒绝杀害这样的意义，而对于一些人来说，这就是他的原罪。"我会说好啊，但我们怎么办到呢？我努力分析思考，给出一个人们可以遵循的规律。"在那个时候，拒绝杀害意味着会有 68% 的狗获救，这相对于以前的情况是一个巨大的改善，也可能是能做到的最好的情况了。但是如果从另一个角度看，拒绝杀害似乎是一种委婉的说法，就像"让它们睡着了"。68% 的结果。"在虽然复杂但是却能够应对的条件下，我们并没有能够阻止安乐死，"赛雅思告诉我。"我们已经从根本上隔离了所有健康、能够被领养的动物，从而保证它们能有一个充满爱的家。"

但是，主张拒绝杀害的人们希望用人的方式对待它们而不是单纯的一个救助数量。并且当一些像赛雅思一样的人谈论现实性的时候，比方说，我们已经做到最好了的时候，他们想听到它的道理在哪儿，并认为这比拔掉祖母赖以求生的机器更糟糕。拒绝杀害的支持者同样将收容所看成一个体制。但是从最开始，他们就认为在这个体制中的人并没有比体制外的人更有爱。

赛雅思告诉我纽约市在 2010 年正要达到旧金山在 1994 年获得的统计结果。但是这次成功尽管令人满意却也非常麻烦。在收容所群体中，68% 的比例对于任何人来说都不能再算作成功了。现在这个数字已经接近 80%。旧金山目前的数字是 86%。但是与运动的目标相比，这个数字仍然太低了。当市政府和同盟者签订协议时，他们设立了在 2008 年之前实现拒绝杀害的目标，而现在这个最后期限被推迟到了 2015 年。

这种赛雅思所说的缓慢但稳定的进展对于拒绝杀害势力而言起

不到什么安慰作用。动物救助者质问当局，并坚决抗拒参与到体制中。他们认为对于动物来说，这显然是个错误的决定。他们想要介入，想要一个关于这种决策的完整的说法，想要继续去影响并改变收容所的体制。他们希望一只叫作奥利奥的狗能够帮助他们实现这一目标。

斗牛犬的增殖问题是收容所体制所面临的最为复杂的问题，它们几乎占领了美国各地所有的收容所。它们是大卫·塞尔比在田纳西州克拉克斯维尔地区面临的最为棘手的问题，也是摆在曼哈顿第110大街动物保护监控中心面前最为严峻的问题。在被救助的狗中，其他狗的数量在稳步上升，而斗牛犬的数量却基本不变，甚至变得更为糟糕。进入美国收容所的斗牛犬和斗牛犬混种中，有75%将被杀掉。2010年，近100万只斗牛犬在美国收容所中被杀掉。收容所群体已经在非常努力地为这些斗牛犬寻找领养的家庭。阿维奇诺曾经是一个非常不错的商人，他尝试着通过把它们重新命名为圣弗朗西斯猎狗去解决这个问题，但是新名字并没能解决任何问题。美国防止虐待动物协会也一度尝试着以新约克夏犬的名义来售卖这些斗牛犬，可是这一尝试仅仅维持了3天就结束了。

我必须得补充的是，斗牛犬是一种非常优秀的狗。以我的经历来看，它们绝不会像斯特拉那样，会跟能找到的最近的卡车司机走掉。但是，斗牛犬如果被虐待的话，就会变得残暴，并进行令人恐惧的单挑。它们拥有非常健壮的下颌。斯特拉是一只处在发育阶段的狗，它曾被3只斗牛犬追到，并打斗在一起。它通常很喜欢这样，但是往常情况下战斗并不会升级到如此激烈的程度。在这次事件之后，斯特拉似乎产生了某种特定的厌恶——它对所有的斗牛犬都保持一定的安全距离。这种印象使得斗牛犬的主人们气疯了。对他们来说，这已经成为人们对这个种类的一种刻板印象。

许多关于斗牛犬的流言就这样传开了。说它们有紧缩的下颌，它们会抓住东西不放并同时咀嚼，说它们会突然猛咬，变得凶残。但是这些完全都是想象出来的，斗牛犬的支持者们会这么告诉你。斗牛犬最近被繁育的数量比其他美国狗都要多，它们在20世纪80年代的美国收容所里大量地出现，它们还重新产生了对打斗的兴趣。维基海德是一位驯兽师和作家，他的书对于每一个思考动物问题的人都非常重要。他非常赞赏斗牛犬顽强的品质，它们总是为一切事情做好准备。

这些是斗牛犬的优点，就像搜寻是拉布拉多寻回犬的优势一样（尽管，对于斯特拉来说可能不是，它总是提醒着我们狗也是有个体差异的）。遗传和环境——或者虐待，可能会共同造成狗的危险品质。在过去30年间，几乎半数发生在美国、加拿大的与狗有关的事故都是由斗牛犬造成的。其中，一半造成了儿童面部毁容，有三分之二还涉及成人。这些事故其实与它们主人的饲养方式有关，而并不是因为斗牛犬本身的什么特性。但有时，我们很难把这种品种的因素剥离开来。根据《动物人》(Animal People)所说，在过去的几十年内，作为少有的几个大城市之一，丹佛从来没有发生过一起狗事故。自从 1989 年开始，丹佛就实施了禁止饲养斗牛犬的法案。

在黑人和西班牙语系人聚集的内陆城市，斗牛犬的数量非常多，而这里关于狗本性与环境所发生的事情迅速演变成了一场关于人的争论。在内陆城市里，斗牛犬多被用于保卫和看守。在田纳西州，无论是在远离城市的地方，还是在城市内，穷人们常常都会养一只黑白颜色的斗牛犬。在东岸和西岸广阔的田地内，斗牛犬是唯一不被拴住的狗，他们会为狗松开链子，尤其是公斗牛犬。斗牛犬在内陆城市的地下经济中也有一席之地。一窝斗牛犬狗崽在正常情况下能卖到 1000 美金或者更多。切割子宫或者阉割会减少这些潜在的横财。但是如果这些幼犬卖不掉，它们最终会在收容所中结束生命。

斗牛犬无疑获得了一种非常不好的名声——如果被恰当地饲养，它们也会和其他狗一样温柔。(我童年时遇到的最可怕的狗是德国牧羊犬，它的撕咬比斗牛犬还要有力。)但是在很多地区，大部分的斗牛犬都没有被正确地饲养。无论你如何看待狗的本质与环境的问题，一条强健的生下来为了战斗的狗，如果没有得到正确的饲养，就会成为隐患，其他很多收容所里的狗也是如此。换成德国牧羊犬或者罗特维尔犬，事情也会一样。但是今天，斗牛犬是收容所中数量最多的犬——根据《动物人》的结论，在美国，每年都有 33% 到 45% 的斗牛犬会进入收容所中。而斗牛犬的领养比例也非常高：在过去的

5年里，根据《动物人》的数据，被领养的斗牛犬比例达到了16%。然而，这相对于收容所中狗的数量来说，还是太少了。不幸的是，改善斗牛犬的形象，转变那种对于斗牛犬可怕的、错误的印象对于现在来说，并不能完全解决问题。在克拉克斯维尔，大卫·塞尔比甚至都不去尝试为斗牛犬找到一个家。他担心它们强壮的下颌，担心如果它们被像小狗一样友善地对待，但是却又对人造成了伤害该怎么办。对于它们实行安乐死是一种痛苦的选择，但是这会使他的生活更轻松一些。

当我们说过关于斗牛犬的事情后，拒绝杀害运动那种“救助每一只狗”的说辞听起来就像是在做梦了。据美国防止虐待动物协会的盖尔·布赫瓦尔德说，第110大街上的纽约动物保护监控中心里的狗已经基本上全部是斗牛犬了。这些狗都很有可能面临着安乐死。如果拥有足够的资源，你当然可以把它们关在笼子里，让它们度过余下的生命，要不然呢？这个问题，甚至在大部分的主张拒绝杀害的群体的讨论里，也没有清晰的答案。在他们的世界里，为每一只狗寻找到家是一种信念，无论如何，都要去找。这种想法必须坚守，直到有一天有一个合适的家庭将它领走。

但是信念并没有使笼子变空。布赫瓦尔德透露，在东92大街的美国防止虐待动物协会里，人们努力的目标就是将斗牛犬的数量降低到 50% 以下。这里的员工一直在为此而努力。最近，他们发起了一项运动去劝说斗牛犬的主人让他们的公斗牛犬就算没有被阉割也不要进行生育。一些主人认为睾丸激素是一个非常重要的特征，如果没有睾丸他们会认为这只狗是不健全的。大多数长期待在收容所整洁的玻璃窗的笼子里，会从一个刚够狗把鼻子伸出来的洞来嗅人的手的就是斗牛犬们。待在这里的时候，它们通常脾气都很好，从而有可能被领养走。工人们很少去照顾没有被领走的狗的焦虑情绪。他们就像是那些交不到朋友的孩子的父母一样，除了看着他们什么也做不了。“我想让你去见见珀尔，”布赫瓦尔德说，之后，她高兴地命令那些斗牛犬们坐下来，“她来到这里时，带着一窝小狗。这些小狗都被领养走了，但是珀尔还留在我们这儿。”珀尔完全不符合人们对于狗的刻板印象。人们要是能拥有它都会感到非常幸运。它也是斗牛犬数量过多的受害者，斗牛犬的数量已经多到无论使用什么样的市场手段，都很难保证全部被领养走。

布赫瓦尔德是一个苗条而有魅力的女人，她已经在美国防止虐待动物协会待了十个年头了。她在沃顿上了商学院，之后在联合利华做销售，然后在瑞辉销售伟哥，再之后，她开始思考，希望能够改变自己的生活。她志愿去做一些使命性的工作。美国防止虐待动物协会是一个大生意，每年美国防止虐待动物协会都有一亿美元的预算，比起卖伟哥，这个在很多方面都更有挑战性。美国防止虐待动物协会的品牌是一个“两面性的词”，她说。对于很多人来说，收容所仍然是一个杀害狗的地方。

“我们在做零售业，”布赫瓦尔德说，“我们为了动物，与其他任何一个机构、渠道或者宠物商店竞争。”这里的劣势就是，它坐落在东 92 大街，保障住房的对面。因此这里需要派出领养货车，并购买广告，使用一切可以让人们光顾这里的方法。布赫瓦尔德把我带到楼上区域，这里的动物们正准备被领养。在一个笼子里是 6 只小狗，除了稍稍大一点的那只，其他都和斯特拉长得非常像。事实上，它们是斯特拉的表兄弟姐妹们。布赫瓦尔德说：“这些是田纳西的狗。”似乎每周我都会在养狗场看到一只新的混种拉布拉多犬。混种拉布拉多犬是彼得·霍克从纽芬兰引进的，它们和其他狗一样，数量众多且非常活泼。但是由于领养它们的条件是要对它们进行子宫切除或者实行阉割，因此它们未来的后代将不会形成大的规模。

引进混种拉布拉多犬的目的是要去帮助救助斗牛犬，因为它们会吸引潜在的领养者。来到收容所的人有可能最终也会喜欢一只斗牛犬，这种方法也是一种零售业的技巧。“如果我们不去为我们的消费者制造出有选择的清单的话，”布赫瓦尔德说，“那他们就会转向其他地方。网络上有很多幼犬繁育场伪装成家庭饲养或者庭院饲养。如果公众认为我们只是在做斗牛犬的生意，那么他们就不会来了。”

斗牛犬在狗的营救方面是一个难题，而奥利奥则是其中最为困难的那个。它是一只黑白相间的斗牛犬，就像它的名字一样。在布鲁克林的雷德胡克，它被从一个 6 楼屋顶扔了下来。一个叫作富宾恩·亨德森的 20 岁男孩，最终被判动物虐待罪，并被实行只有 6 个月的缓刑，这激怒了动物救助群体。也许他的目的是实施一次自己执行的安乐死——大多数的狗被摔下后都难逃一死。但是奥利奥活了下来。它被带到了美国防止虐待动物协会在第 92 大街的收容所中拥挤的隔间里。当时它的两条腿已经摔断了，并且受了内伤，在这里，它渐渐地好了起来。

在某种意义上来说，奥利奥是西多的直系后代，但是它改变了当时的环境。像西多一样，奥利奥也是收容所的商人们所称的“完美案例”，像是为了提升公众觉悟而量身定制的一样。它被看作是令人发指的残暴行为的受害者。同时它非常地上镜，这样一个小精灵有一个美满的结局对于美国防止虐待动物协会来说，应该是有启发性的、有教育意义的并且有价值的宣传。西多对于每个人来说都很有魅力，并且得到了舒适的饲养；奥利奥却是一只内陆城市的斗牛犬，并且它艰难的生活已经造成了它深深的愤怒。它可能会友善，但是却无法预料它会变成什么样子。

美国防止虐待动物协会的照顾让它恢复了健康，并且尽力去救助它，使它得到痊愈。但是它内在的伤疤却不可能完全愈合。它会出乎意料地向和它非常熟悉的管理者扑去。没有人认为奥利奥会被领养走——危险和潜在的责任都太大了。因此，他们决定对奥利奥实行安乐死。

对于威诺格拉德和他的同伴来说，奥利奥的例子就和之前的关爱－杀害的悖论是一样的。美国远没有那么多的避难所可以应对每一只有问题的狗。迈克尔·维克的几只狗被带到这样的地方，标志着体制可能做到什么，而不是在过去做了什么。

对于威诺格拉德和他的同伴来说，并不只有那些可爱的、逗人喜爱的动物才值得救助，每一个生命都是珍贵的。从来没有人听说奥利奥伤害过任何人，难道它没有权利和其他狗一样生活下去吗？

30个不同的个人和组织希望能够领养奥利奥，但是美国防止虐待动物协会仍然拒绝了。为什么？"无论是南森·威诺格拉德还是其他人，都没有什么饲养动物的经历，"埃德·赛雅思对我说。美国防止虐待动物协会的信条是，对于一只像奥利奥这样的狗来说，安乐死是最好的选择。当一只狗被同人和其他狗隔离起来的时候，它的生活质量将会是个什么样子呢？在意大利，已经完全实现了拒绝杀害。在这里，有很大问题的狗和一些其他狗，都将被关在笼子里度过余生，这看起来比其他方式更加残忍。

威诺格拉德和他的同伴们认为美国防止虐待动物协会对奥利奥进行的行为测试是无效的，它也没有被给予足够的时间，同时，管理它们的收容所是一个有缺陷的环境。他认为，收容所所做出的决定是建立在使制度变得更加便利的理性之上的。这些生命的珍贵意味着我们应该有其他选择。但是对于那些在收容所里的狗，总要有人不得不做出一个选择，无论是奥利奥还是其他所有的很难处理的狗。尽管"拒绝杀害"力量倾尽其所有的热情和关心，但是被救助的狗的数量还是没有增加。救助奥利奥的事件可能会受到宣扬，但是这并不能解决所有类似犬的问题。

奥利奥最终在2009年11月13日被实行了安乐死。在当年，纽约的安乐死数量创下了历史新低。在不到两年的时间里，奥利奥获得了好名声、同情和一些像爱一样的东西，但是它并不懂得那些。奥利奥的故事远不只是个奇闻逸事，它的故事变成了一个悲剧，其中充满了恶人和歧义。它永远都不能安全而舒适地和人在一起生活，它到死时还被认为是一只很难办的狗，是思想冲突中的一个复杂的符号。在这一周，纽约还有多达100只的狗被实行了安乐死，几乎无人哀悼。

是否每一只狗，甚至是那些最卑微的狗，都获得了它们所应有的生活呢？这是奥利奥的死所引发的问题。斯特拉每天有饭吃，每天都有人抚摸它的肚皮，每天都出去散步5次；而奥利奥最后在肩膀上被扎了一针。一些狗在癌症治疗上花了10000美元，而另一些却连名字都没有。这些结果上的不同，以及从未停止的对健康狗实行的安乐死，呈现在人们面前的是一种巨大的体制的不公，就像人类世界一样多的对于我们的关注的谴责。但是试图对抗伪善的运动看起来并不会很快就停下它的脚步。这并不仅仅是一种制度的反抗，或者很多人认为狗和其他的动物应该待在它们的篱笆下，而我们应该待在自己的篱笆之下。而且，这还因为我们尚不清楚那个狗和动物们得到应有关怀的世界到底应该是什么样子的。一些动物解放主义者理想中的世界，看起来就像个童话故事，猪、奶牛和鸡可以随意地在街头散步。有些人甚至认为宠物们就生活在一种奴隶制度下。

如果我们真的创造了这样的动物的理想国，那么狗——荣誉人类，将会在引领这条道路的过程中起到至关重要的作用。但是这样的地方似乎还离我们很远。

第十六章

狗的岁月

在我们去英国期间，斯特拉被寄养在国内一个朋友家里。我们回去那天它看起来还不错，尽管可能有些无精打采——它没有像往常那么热情地问候我们，而它热情的问候对我们本该是个安慰，但现在却让人焦虑。它怎么了？想当然的，我怀疑它也许生气我们离开它，或者更糟，生气我们把它带离了绿色乌托邦，回到钢筋水泥的城市以及它在地毯上的老窝。这是我们的生活，因此也是它的：非常不幸，斯特拉。

但是第二天一早，它变得虚弱无力，并且鼻头干燥，几乎站不起来。我只好强拉硬拽地带它散步。之后变得更糟。一天之内，她似乎衰老了10岁甚至更多，也没有食欲。她像一团不能移动的肉团，缓慢地喘息。第二天尽管它拼尽最后一丝力气拒绝进医院大门，我还是带它去兽医室做了检查。我把它抱上不锈钢检查台——就像"珍贵的朋友"里的那张，它旅程的开始之地，它四肢颤抖，爪子蹭着金属表面。

诊断结果很快就出来了，结果乐观：它得了莱姆病。这对我们来说算是个安慰，因为这是常见病。抗生素起效很快，一天之内，它又再度恢复为那个健壮活泼、偶尔调皮又难以控制的斯特拉了。然而这并没有结束。

斯特拉当时还不到3岁，但我认为这个病——它第一次生病，是它开始衰老的征兆。通过它偶尔的虚弱，可以看到所谓生命力是多么具有迷惑性，事情一下会发生多大变化。那件事提醒我：我一直非常有信心的斯特拉的健康体格，可能持续不了多久。总有一天，它将不再健康。我眼眶湿润，为它也为我自己：那时我有多大岁数呢？

在一首关于狗之死的小诗的脚注中，约翰·厄普代克曾写道："有时候养宠物的全部目的似乎就是给家里带来死亡。"某种程度上这可能是非常残忍的观点，但这的确是有道理的。狗的死亡总是会让主人难过，这是这个最好朋友的致命缺点，是它荣誉人格带来的问题。狗的时间表不同于人类。伴随着悠长寂寥的汽笛，斯特拉将要下车，而我们的小派对却很可能继续下去。尽管现在斯特拉还处于青年时期，它的死仍是一件需要仔细思考、讨论的事。没人能对他们狗的离去做好准备。

狗不知道它们将去往何处——这个关于狗的笑话最终变为一个悲剧。在《又一只狗的死》一诗中，厄普代克描写了他的狗的最后时光：

我拿起铁锹来到树林，为它掘墓，
为必然的结局做准备。它跟过来，
我没有料到。寂静，孩子们走远，

这样的出行如此罕见，和一只狗，
很早被阉，不知用人类语言表达爱。

它用僵硬的腿疾走，摆动弯曲的尾巴。
我们找到一处喜欢的地方，松树与田地接壤。
它打盹时，太阳温暖它的皮毛，我挖地；
它守着我时，我为它雕刻安息之地。
我用铁锹的柄量一量它的长度；
它变得活跃起来，嗅一嗅耸起的泥土。

多么悲伤的事。但对于狗来说，这段通往安息之地的旅程是一段快乐的时光（如果厄普代克带上一顿炸鸡野餐会更加欢乐）。它死的那天和平常任何一天没有什么不同，只是突然，开关被关掉了。

活在当下的状态是狗最引人注目的地方。但对于人类，这很难做到。即使在它们最艰难的时刻，狗仍然充满活力准备随时面对新的旅程。当狗被量长度时，它并不知道这是在为它的墓穴做准备。有条 3 只腿的松狮犬天天都会在我所在的街区散步，她并不知道数字 3，也不觉得自己有什么地方不对劲（当我写到这里时，那只狗已经 16 岁且依然健康）。并不是狗接受了人们给予它们的标签，而是它们根本没有意识到那些标签。詹姆斯·赛伯把对这种状态的需求称为“狗愿望”，一种“想像狗一样幸福、无忧无虑的奇怪而复杂的愿望”。这是一只狗的福分，傻瓜才会羡慕。

狗的死亡使得人类对时间流逝的复杂心情变得更为突出，孩子们长大成人，成年世界不断催逼我们，我们的爱与努力化为乌有，诸如此类。这似乎有些过度紧张，但这就是现实。这是戏剧的第三幕，所有情节都已经出现，所有强烈的情绪也渐渐显现。拿出手帕吧，你不会控制得住的。你知道结局终将来临，它紧张而令人悲痛——且无法避免，同时又再平常不过。狗的死亡是一个老旧的场景，这同时也解释了厄普代克标题的平淡性。对于一只狗的死亡，你还能说些什么呢？每只狗都各不相同结局却极度相似。

这些被缩短的戏剧化的可能性催生出很多以狗为主题的矫情俗气的艺术作品。厄普代克催人泪下的诗句恰到好处。真正地爱狗意味着淡然地面对这些矫情的作品，如果你还没做好准备的话。你不用含情脉脉地注视杂志上每一张小狗的照片，不用为你的狗做生日蛋糕。然而如果你太过抗拒这种围绕着狗的基本情感，你会错失一些体验。

我也曾试图抗拒。不得不承认，当我听说斯特拉来自的避难所名叫“珍贵的朋友”时，我一度畏缩了。当然我十分同意珍贵的朋友这一说法。但是这名字让我不得不吞下与狗关系中的其他部分，要求我预先思考消化这段关系，将它浓缩精炼为蜂蜜一样甜美的感情。这让我产生了一种溺毙之感，好像我的狗的生命，以及我的生命图景像一张张贺卡般从我眼前一闪而过。狗像是国教，因而异端说法很有必要。我觉得，某些非常抗拒狗文化的人只是在抵制这类低俗作品，这种可怕的惊悚剧。如果你沉浸在这种情感中，你将陷入你无法控制的叙事中，你会像个傻瓜一样认可它们。与狗相关的这些感情会像这动物一样保持幼稚萌态。

与其说矫情的作品是终点，不如说它是起点。埃罗尔·莫里斯在1978年的纪录片《天堂之门》中，讲述了两个加州宠物公墓的故事，这绝对是一部令人震惊的电影，最伟大的纪录片之一，尽管这么说尚不足以概括它。它同样是一部畸形秀，生动糅合了20世纪70年代的服装、产品、内政以及风土人情，使得观众能在电影结束后仍能够回想、进入画面中。

在莫里斯对爱狗人的描述中有些屈尊俯就之感。观众的第一反应是“这些疯子是谁？谁会关心狗的墓地呢？”但是这场畸形秀只是一幅沉重而神秘的图画的画框。狗的身体是什么？为什么要埋葬身体或物品？当生命逝去，发生在身体上的事又有什么意义呢？当这些生命死亡、变为腐肉，接着被虫子啮噬，最终消失，那我与这些生物的关系又将何去何从？那坟墓中是什么？这就是肉身的神秘。很像达尔文的狗和伞，这些问题是宗教的起源，它们仍然是最为伟大的未解之谜，需要无休止的内心争论，即便对于那些不相信有更高的存在的人来说也是如此。

《天堂之门》的伟大之处，在于它不再矫情造作。莫里斯的人物似乎有妄想性，但这并没有削弱他们思考的力量，反而以某种奇异的方式放大了他们的力量。你无法拒绝他们看似愚蠢的哲学，所有人都在乎这些问题。死狗——它们甚至不再是新鲜的肉，让人类开始描绘。它们是位于中心的一片虚无，一个存在于人类思想情感的星系中的黑洞。

作为一个爱狗人，我第一个想法是：因上帝的恩典，我走到那儿。或者更加现实一点：我走到那儿。我与斯特拉的关系充满着很多不经意的喜剧，不断的对话，一大堆杂乱的思索，以及它一路嗅闻摸索到正在进行最宏大而荒诞的哲学思考的我。莫里斯电影中的人物——他们足以让人患上幽闭恐惧症的办公室以及充斥着各色廉价小装饰品的起居室，他们的猫眼眼镜以及真诚地望向摄像机的肥胖的脸，讲述着狗在他们生活中的地位。他们是我喜爱的人。尽管我认为矫揉造作的东西在我这里没有市场，但它还是找到了进入我的世界的办法，现在它就睡在我的地毯上。

在位于克拉克斯维尔的“珍贵的朋友”的内门里有一座彩虹桥的宠物纪念碑。那时，哪里有宠物，哪里就有这样的纪念碑。所有的碑上都有一首诗或散文诗，尽管其文学价值很成问题。没有人知道谁写的诗，尽管很多人称是自己写的。这首诗是 20 世纪 90 年代初被刻上去的，当时狗的家庭地位正在得到提升，这种本地出产的神话使得很多宠物主人眼睁睁看着他们的动物衰老，随后死亡这件事变得顺理成章。

当一只和本地人特别亲近的动物死去，宠物会来到彩虹桥。

这里为我们特殊的朋友准备了草地和山坡，它们可以奔跑玩耍，所有生病衰老的动物会重新获得健康和活力；那些受伤残疾的会重新变得完整和强壮，就像我们在流逝的旧梦中所记忆的那样。

动物们幸福而满足，除了一件小事：它们思念对它们而言那个特殊的人，那个不得不分开的人。

在结尾，狗奔向它们的主人，然后共同跨越彩虹桥，从此团聚在一起。非常感人，尽管它大部分的作用是作呕——一个虚幻的反射，纯粹愿望的满足，它的安慰意图昭然若揭。它是卡马特天堂，一个小巧易碎的、为满足广大需求而被人为建立的天堂，一旦得到了安慰就被遗忘的地方。但从另一个角度看，它是穿越沥青柏油路的一小片植被：没那么令人印象深刻，几乎没有什么植物，除非你对比其干燥荒凉的背景。

早在文化之初，狗就与死亡有所联系。这可能与它们的食腐特性有关。狗就像是生态循环中的秃鹫，对死去之物有着惊人的博学。《圣经·旧约》中曾提到，当有狗在周围时，你不能撇下无人照看的尸体。但狗与死亡的联系还有其他原因。

狗是通往来世的引路人。如果你听到了地狱之犬的吠叫，你将要去那里。或者你的狗，有着超自然的感官和神秘的视野，也许能够听到它们的吠叫。在几个世纪以前的英格兰，深夜的狗吠声预示着家中有人得重病。英国和美国都有着大量关于黑狗的神话——黑狗是超自然的，体型庞大，有着一双闪亮的眼睛。如果你碰巧遇见它，你就可以开始准备后事了，因为你已经成了它的盘中餐。各地类似的故事不计其数。最著名的美国改编版本是关于一只偶尔出现在康涅狄格州梅瑞登附近的杭金山中的狗。这只狗矮小，皮毛黑亮，在很多记述中很有活力，似乎与斯特拉十分相似，除了它不发出任何声音，也不会留下任何脚印。

1898 年纽约的地理学家 W.H.C. 品钦在遇见两次这只狗之后，写下了这只黑狗的故事。根据这个传说，如果你见到这只狗，你将会有一次愉快的经历。第二次见到它，预示着厄运也许会很快降临。第三次遇见，意味着你将不久于人世。品钦，正如故事中所说，在一次冬季的远足中第三次看到了这只狗。随后不久，他在冰面上摔倒并死去。我曾多次开车经过杭金山——它们在 91 号公路上，位于纽约和波士顿的中间。这里并不是一个可以停下来、带着斯特拉散个步的好地方。

狗的葬礼，还有人狗合葬，在考古记录上非常普遍，除了第九章中提及的墓穴之外还存在于不同的文明之中。埃及人偶尔会把狗做成木乃伊。在以色列的阿史科隆，有一座埋葬了大量的狗的公墓，这些狗有着村落或家中最普通的狗的外貌，死于各种自然因素。整个北美到处都有狗的坟墓。已知的最早的一个在伊利诺伊州南部一个叫作克劳斯特的地方，可追溯至公元前 8500 年。哈佛大学的皮博迪博物馆有两只保存完好的狗木乃伊：一只类似牧羊犬的长毛白狗，一只黑白相间的小猎犬。它们是在亚利桑那州北部的白狗墓地被发现的，在大约公元100年被纺织工埋葬于那里——他们喜欢把狗毛织进寿衣里。狗与一个家庭——夫妇和婴儿，埋葬在一个墓穴中。在纽芬兰一对夫妇的坟墓中，葬着一对爱斯基摩犬，类似现代的雪橇犬。在很多地方，狗都像人类一样被埋葬，甚至像备受尊敬的人那样。在狗与人类合葬的地方，考古学家认为狗被杀是为了在另一个世界陪伴他们的主人——为他们引路。

狗知道通往另一个世界的路，更能与那个世界的生物沟通。一只守桥的狗或守着一片水域的狗——有时由悲伤的眼泪组成，有时是鲜血，是在很多文化中都存在的图腾。(有3个头的刻耳柏洛斯，有些滑稽，在这些生物中最具洛可可风。)很多古老和现代的文明都认为，银河是一条指引灵魂通往另一世界的道路。在某些传统文化里，狗也有属于自己的冥府之路，在天空中与银河平行；其他文明中，例如在特拉华人（曾聚居在曼哈顿的部落）的文明中，狗把守着银河上的桥，决定谁可以通过。切罗基人认为，银河是由一条小狗造就的，它偷吃了磨好的麦子粉，在被发现后一路逃跑，银河上的点点污渍就是它逃跑时从嘴中掉出的面粉。因此，银河在他们的语言中意为“狗跑之地”。天狼星，狗的星辰，是这些神话传说中最著名的传奇。作为夜空中最亮的星，天狼星一直在寻找他的主人俄里翁。

这些存在于广泛时间与空间的传说，有着一定的一致性，而这一定程度上解释了某些深层次的联系。有些学者认为，这些神话故事同人和他们的狗一起，穿越了西伯利亚到阿拉斯加的广袤空间，并不断演化：这是一部关于狗的奇特史诗，从最初的亚洲的一小群开拓者，变为我们现在所见的多种多样的生物。

我准备相信这个说法，但是我也好奇这些神话故事的成功是否是基于厄普代克观察到的事实：狗给家里带来死亡？想想《天堂之门》，想想关于在狗的收容所世界中的安乐死的争议，想想我独自思考的关于斯特拉的道德问题，想想共度的年月，想想这一切。狗或许知道通往另一个世界的道路，因为它们比我们走得更快，这些想法一直萦绕在我们脑海之中。

在现代社会中，不论人们认为来世如何，他们总会想尽各种办法来推迟到达那里。即使对于名门贵族，这代价也很大。位于河边的东 62 号大街的动物医疗中心，是最先进的宠物医院，在这个文明的狗的世界中享有一席之地。狗在这里被看作为人，它们被称为病人。

动物医疗中心是一个拟人化和做着所谓荣誉人类的生意的庙宇。它从设计上完全遵循医院的风格。“人们希望这里人和狗站在同一高度。”在大厅遇到的理事会主席罗伯特·利别尔曼说道。他告诉我这所动物医院和人类医院的紧密联系，与斯隆·凯特琳癌症中心进行的合作研究。大厅中的一座牌匾用来纪念重要的捐赠者——范朱尔家族，基辛格家族，但最显著的地方属于文森特·阿斯特基金会。（阿斯特夫人的狗在她晚年的疏忽导致了她儿子唐尼利用她的状况进行犯罪。我禁不住想，如果阿斯特夫人有生之年将她的爱从狗身上分出一点给唐尼，也许事情不会变得这么不受控制。）

楼上是一个康复中心，一只治疗中的黄色拉布拉多犬，正被两名年轻技师照料。这只狗差不多9岁了，由于背后的伤导致神经受损。一名技师将电极按在狗的腰腿部，来刺激此处的肌肉，另一个则在按摩它的胸部。技师告诉我它叫瑞奇。狗都躺在一大团垫子上，看起来十分快乐。穿过这间屋子，一只名叫瑞达的黑色拉布拉多犬，刚在水缸里完成了脚踏车的一组运动，它的肌肉状况比较复杂。它的主人正在外面的长椅上等待。

我参观的这个中心的心理辅导主任苏珊·菲尔普斯·科恩帮助人们明白这笔亏本买卖。科恩是一个娇小而有活力的白发女人，她在医院的候诊室中挨个问询，判断来此的宠物主人的情感的悲伤程度。“在这里，我们不把年老视为疾病，”她对我说，“我们希望这是一个不会说出‘这已经是条10岁的狗了，我们什么也做不了’这种话的地方。”

在这家医院的候诊室里，狗的人类特性得到尊重。在这里，每一只狗“都是一个家庭成员”，科恩说。对于家庭，“它们即将做出的选择，它们将要被给予的保护，它们感受所得到的培育，对每个家庭成员来说是一样的”。

科恩尝试改变人们的固有观念，当然这并不容易，尤其是在都市生活中狗的地位更容易让人产生疑惑。狗的疾病唤起了他们的注意。“这时他们意识到他们在其中投入了多少，”她说：“‘我是怎么来到这里的？我为什么没有孩子？我讨厌我的工作。’因为有了狗，你有了跟你一起回家的人，有了欣赏你真实面目的人。”

在狗的生命尽头照顾它，在它离去时为它难过，在某种程度上甚至比为人类离去而感到悲伤更为复杂。因为关于狗究竟意味着什么，这问题远远没有得到解决。它是跟人一样的生命，还是仅仅是一只宠物？这是《天堂之门》也没有解决的问题——一只死去的狗仅仅是一件需要送到火化厂的普通尸体吗？如何做出决定更多地取决于你自己的想法——银河，说到底仅是许多星星。有些人或许会说：那只是一只狗而已，然后再解释悲伤最好还是应该留给人类。因此，悲伤的过程，在某种程度上，也许更藏匿于心。

如果你选择用宠物医疗中心的医疗器械来延续狗的生命，那么你将会遇到类似的一系列问题。你应该为此花费多少钱？你的狗的生命值多少钱？尤其是在你的成长环境里，看兽医并不是件寻常的事，为一只肾脏衰竭的狗使用透析仪器看起来有些疯狂，好像超越了某些底线。

这家医院的定位是“尽我所能准确而诚实地告诉大家，我们能做什么”，科恩说。这所医院将在狗无法预计的生命与人类财产之间的抉择留给了主人——人们可能在一周之内刷爆自己的信用卡，但仍旧只能带着一袋骨灰回家。最近有朋友带着一只10岁的肠道出血的狗去纽约另一家著名的宠物医院救治。医生发现这只狗长有肿瘤，并且告知他如果切除肿瘤，狗将有 90% 的存活机会。随后我的朋友陷入大量不断升级的治疗决定中——然而 5 天之中经过几场手术后，这只狗还是被实施了安乐死。这过程中的医疗费高达 14000 美元。他们为狗的死而心碎，同时也为他们花费的大量金钱而心痛，并对医院大为恼火。这里的问题是，一旦开始了治疗，你能够回头吗？这里的教训是：一家通过治疗过程盈利的医院并不会选择合适的时机提出放弃治疗的建议。

在我们下楼时，经过一间为我从前的狗执行过安乐死的屋子。这间屋子的确是一个十分适合结束狗的生命的地方，至少对人类来说是如此，但对于狗来说，毫无疑问，它们宁愿待在家里。越过黑暗，能够看见银河的旋涡——我的眼泪之河。远方有一片草坪，那是狗的天堂。

司各特是一只西高地白梗犬，是我与安吉拉相遇时她所养的狗。司各特精力充沛，脾气有些坏，年轻时我们在纽约生活，它是我们可爱的好伙伴，不知不觉地延长着我们的青春时光。它 14 岁时已经衰老不堪，我们不得不把它带到这里来。它经历了肿瘤和韧带撕裂，以及长达一个冬天的相当昂贵的针对难以治愈的呼吸困难的药物治疗，与此同时我们还照顾着我们的儿子——一出生就取代了司各特小王子般的地位的人。

在我们带它去执行安乐死之前，一个兽医饱含关怀地望着我们说：“还有什么你们想做的吗？”当然有了——医院有高科技的设备，核磁共振以及各种能让创伤最小化的技术，也许达尔富尔地区的医院十分乐意用这些东西，但是我们没说。

我把一件涂上橡胶的罩衫铺在膝盖上——在城市里，人们无法摆脱狗的排泄需求，对司各特讲着它穿过水流在一片草坪上的幸福来生，虽然我自己一个字也不相信，而司各特无论如何也不可能听懂——那些它听了一辈子的人类的喋喋不休。兽医给它注射了能使它入睡的一针，另一针则终止了它的心脏跳动。这就是司各特，我的司各特。某一天我也会随它而去——它已经跨越了那座桥，并终将为我指路。

但是希望这不会来得太快。

是不是，斯特拉？

桂图登字:20-2013-119

图书在版编目(CIP)数据

斯特拉不只是一只狗：关于狗历史、狗科学、狗哲学与狗政治 / (美) 霍曼斯著；
夏超译. —桂林：漓江出版社, 2014.8
书名原文: What's a dog for?
ISBN 978-7-5407-6969-7
Ⅰ.①斯… Ⅱ.①霍… ②夏… Ⅲ.①犬-研究Ⅳ.①S829.2
中国版本图书馆CIP数据核字(2014)第140100号

斯特拉不只是一只狗：关于狗历史、狗科学、狗哲学与狗政治

作　　者：[美] 约翰 · 霍曼斯
译　　者：夏　超
审　　译：王　玲
编辑统筹：符红霞
责任编辑：董　卉　王成成
版权联络：董　卉
装帧设计：黄　菲
责任监印：唐慧群

出 版 人：郑纳新
出版发行：漓江出版社
社　　址：广西桂林市南环路22号　　邮　　编：541002
发行电话：0773-2583322　010-85891026
传　　真：0773-2582200　010-85892186　　邮购热线：0773-2583322
电子信箱：ljcbs@163.com　　http://www.Lijiangbook.com
印　　制：北京盛源印刷有限公司
开　　本：880×1230　1/32　　印　　张：9.5　　字　　数：150千字
版　　次：2014年8月第1版　　印　　次：2014年8月第1版
书　　号：ISBN 978-7-5407-6969-7
定　　价：35.00元